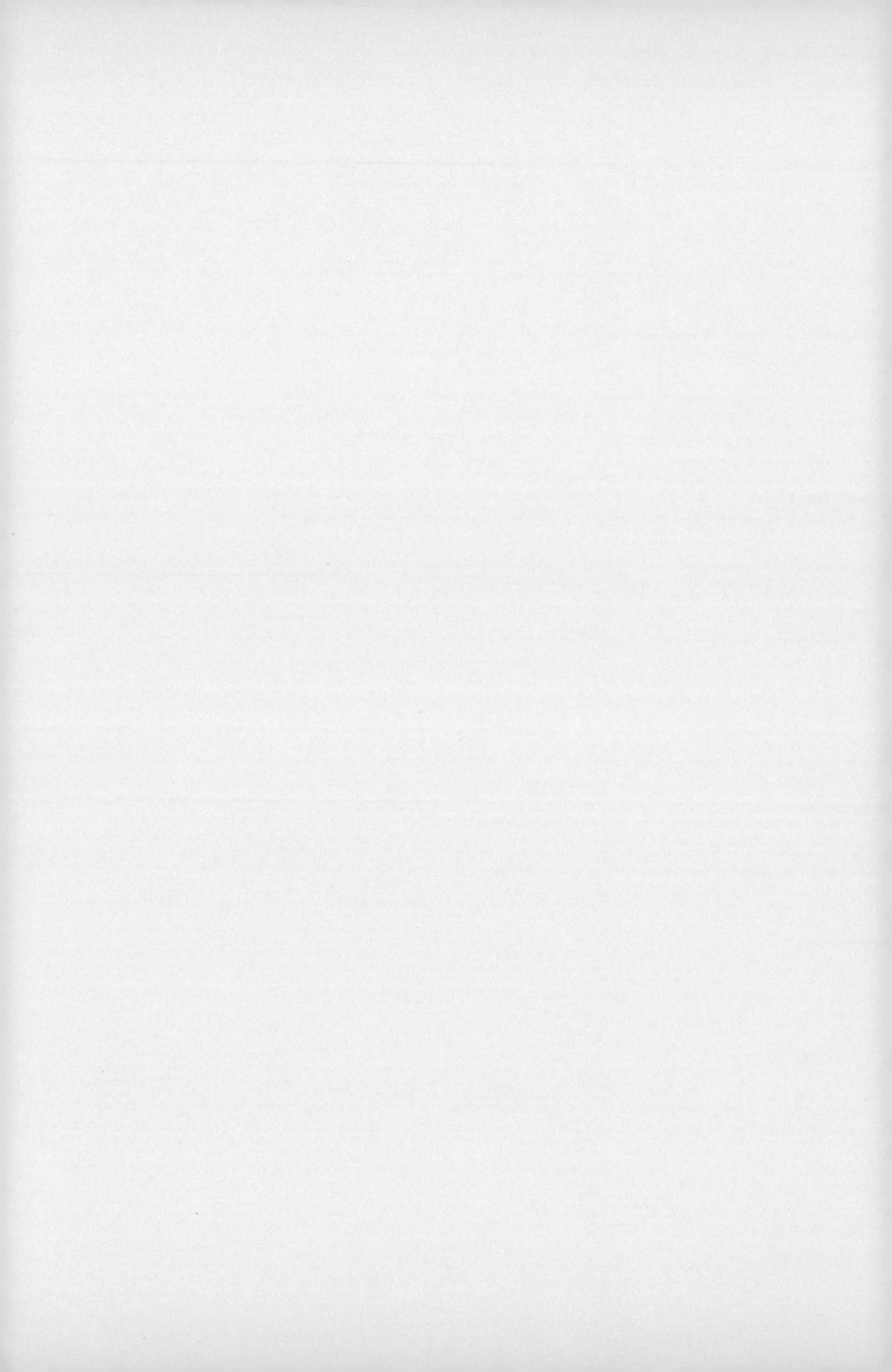

우주를 꿈꾼 여성들

Almost Astronauts: 13 Women Who Dared to Dream
by Tanya Lee Stone

생각하는돌 24

우주를 꿈꾼 여성들

'그들'만의 우주에 도전한 13명의 비행사

타냐 리 스톤 지음 | 김충선 옮김

2021년 1월 11일 초판 1쇄 발행
2022년 5월 2일 초판 3쇄 발행

펴낸이 한철희 | 펴낸곳 돌베개 | 등록 1979년 8월 25일 제406-2003-000018호
주소 (10881) 경기도 파주시 회동길 77-20 (문발동)
전화 (031) 955-5020 | 팩스 (031) 955-5050
홈페이지 www.dolbegae.co.kr | 전자우편 book@dolbegae.co.kr
블로그 blog.naver.com/imdol79 | 트위터 @Dolbegae79 | 페이스북 /dolbegae

주간 송승호 | 편집 우진영·권영민
표지디자인 이새미 | 본문디자인 이은정
마케팅 심찬식·고운성·한광재 | 제작·관리 윤국중·이수민·한누리
인쇄·제본 상지사 P&B

ISBN 978-89-7199-749-9 (44500)
ISBN 978-89-7199-452-8 (세트)

책값은 뒤표지에 있습니다.

이 도서의 국립중앙도서관 출판시도서목록(CIP)은 서지정보유통지원시스템 홈페이지 (http://seoji.nl.go.kr)와 국가자료공동목록시스템(http://www.nl.go.kr/kolisnet)에서 이용하실 수 있습니다.(CIP제어번호: CIP2020050654)

우주를 꿈꾼 여성들

타냐 리 스톤 지음
김충선 옮김

'그들'만의 우주에 도전한
13명의 비행사

생각하는 돌 24

돌베개

— **'머큐리 서틴'이라는 호칭에 대해**

이 책에서 소개할 13명의 여성은 결국 머큐리 우주 프로그램에 참가하지 못했으므로 엄밀히 말해 '머큐리 서틴'(the Mercury 13)은 올바른 표현이 아니다. 그럼에도 머큐리 우주 비행사들이 거쳤던 테스트를 상당 부분 통과했기에 이 여성들을 흔히 '머큐리 서틴'이라 일컫는다.

— 각주는 모두 옮긴이의 것이다.

— 인명의 " "는 애칭을 나타내며 서술 시점에 따라 배우자의 성이 덧붙기도 한다.

베시, 세라, 레아, 도러시로부터

로리, 또 다른 세라, 레아, 리자에 이르기까지,

나의 가족이 되어 준 모든 특별한 여성들에게

이 책을 바칩니다.

차례

여성도 남성이 시도한 모든 일에 똑같이 도전해야 한다. 이런 노력이 실패로 돌아가더라도, 그 실패는 다른 여성들에게 새로이 도전할 과제가 되어야 한다.

— 어밀리아 에어하트, 실종되기 직전 마지막 비행 중에 쓴 편지에서

인간은 두 부류로 나뉘었다. 이것을 가진 사람들과 그렇지 않은 사람들. 이 자질로 말하자면, 지금까지 한 번도 이름 붙은 적이 없었다. (…) 당신 자신이 이런 적합한 자질을 가진 사람 중 하나로 선택되는 축복을 받았을지도 모른다는 생각을 (…) 증명해야 한다.

— '머큐리 세븐' 우주 비행사들을 다룬 톰 울프의 소설 『적합한 자질』에서

서문

러브레이스 박사가 추진했던 '우주로 간 여성'Woman in Space 프로그램과 1960년대 초에 우주 비행사가 되고자 선발 테스트를 받았던 여성 비행사들에 관해서 강연할 때마다 이 여성들을 다룬 책 중에 청소년 독자에게 권할 만한 것이 있느냐는 질문을 어김없이 받아 왔습니다.

대개 이렇게 질문하시는 분들은 수학이나 과학에 월등히 소질이 있거나 우주항공 분야를 좋아하는 딸, 혹은 조카딸이나 손녀를 둔 경우가 많았습니다. 새로운 롤 모델을 통해 그 소녀들을 격려하려는 마음이었겠지요. 이 책에 등장하는 여성들이 바로 그런 롤 모델이 될 수 있을 것입니다. 이들은 여성에게도 동등한 기회가 주어지기 수십 년 전에 '우주 비행'이라는, 그때까지 인류가 경험하지 못한 새로운 가능성을 꿈꾸었던 비행사들이었습니다.

한편, 남자아이에게 선물하고자 책을 소개해 달라고 부탁하는 분들도 있었습니다. 이런 분들은 아마도 가능성의 경계를 허문 선각자들의 어깨 위에 나란히 서서 놀라운 성취를 이룬 여성과 남성 들을 보여 주고 싶었겠지요. 이 책은 그런 역사를 다루고 있습니다.

타냐 리 스톤은 깔끔한 서술, 매력적인 주인공들과 흥미로운 여러 사건을 통해 지난 역사를 생생하게 그려 내며, 당시에 벌어진 미묘한 논쟁을 간결한 문체로 소개하고 있습니다. 청소년 독자들은 금세 알아

차릴 테지만, 저자는 결코 독자의 수준을 낮춰 보고 쉽게만 서술하지 않았습니다.

저는 이제 관련 주제를 다룬 책을 추천해 달라는 요청이 오기를 고대하고 있습니다. 만족할 만한 대답을 마침내 찾았기 때문입니다.

그렇습니다! 바로 이 책입니다.

미국 스미스소니언협회
국립항공우주박물관 큐레이터
마거릿 A. 와이트캠프

USA

1 발사 38년 전

1999년 7월

한 여성이 우주왕복선의 발사 순간을 고대하는 군중으로부터 외떨어져 홀로 서 있다.

안절부절못하고 서성인다. 불안하거나 흥분한 것 같기도 하고, 한편 초조해 보이기도 한다.

뒷모습만 보아서는 이 여성의 나이를 짐작하기 어렵다. 빛바랜 갈색 가죽 재킷 차림에 금발 머리를 뒤로 질끈 묶고 있다는 것뿐, 외양에서 다른 무엇인가를 읽어 낼 수는 없다. 이따금 뒤를 돌아보며 관람석에 앉은 일행을 향해 눈길을 줄 때면 그녀의 얼굴 위에 세월이 새겨 놓은 흔적을 확인할 수 있다. 애잔함이 묻어나는 옅은 미소를 볼 수 있다.

그녀의 등 뒤에 있는 다른 여성들은 마치 친자매라도 되는 것처럼 가까워 보인다. 키득거리며 서로에게 장난을 치고 서로를 잘 아는 듯한 표정을 지으며 어울리는 가운데, 이 여성만은 무리에 온전하게 끼지 못한다. 이 순간, 그녀에게 혼자만의 시간이 필요하다는 것을 일행

STS-93 미션의 발사를 위해 대기 중인 우주왕복선 컬럼비아호.

은 잘 이해하고 있다. 자리에 함께한 모두에게 가슴 뭉클한 순간이지만, 특히 제럴딘 "제리" 코브Geraldyn "Jerrie" Cobb에게는 각별한 순간이다.

같은 꿈을 꾸는 여성들을 이끌어 그 꿈을 실현하고자 노력했고, 이 모든 일을 한번 시도해 볼 만하다고 처음으로 생각했으며, 여전히 자신의 꿈을 위해 싸우고 있는 여성이다.

38년 전, 지금 아일린 콜린스Eileen Collins가 앉아 있는 나사NASA의 우주 비행선 안 그 자리에 앉아 우주를 향해 날아오르기를 기다리는 주인공이 되리라고 여겨졌던 사람이 바로 제리 코브였다.

STS★-93 미션의 승무원들이 간략하게 소개된다. 우주복을 갖춰 입은 승무원들은 카메라를 향해 손을 흔들며 발사대로 걸어간다. 우주왕복선에 올라 각자 장비를 점검, 재점검하고 모든 시스템이 제대로 작동하는지 확인한다. 이제 모든 준비가 끝났다.

우주왕복선의 사령관은 아일린 콜린스 중령이다. 여성이 우주왕복선의 사령관 자리, 바꾸어 말해 '운전석'에 앉는 것은 이번이 사상 처음이다.

멀리서나마 발사 광경을 지켜보려고 찾아온 수천, 수만의 구경꾼들이 케이프커내버럴Cape Canaveral 근방의 고속도로 변에 차를 세우고 바닷가로 모여들었다.

제리 코브와 일행은 바나나강Banana River을 사이에 두고 정면에서 발사대를 지켜볼 수 있는 맞은편 강변에 자리 잡았다. 관람객이 다가갈 수 있는 가장 가까운 위치다. 이처럼 탐나는 자리에서 우주왕복선의 발사 장면을 지켜볼 수 있는 영광은 초대를 받은 우주 비행사의 가족이나 친지, 귀빈에게만 허락된다. 아일린 콜린스는 1995년에 조종사로서 처음 우주 비행을 시작했을 때도 '머큐리 서틴' 여성들을 특별하게 대우해 달라고 나사에 요청했고, 동의를 얻었다. 일행은 일반에게 공개되지 않는 시설까지 탐

★ STS는 Space Transportation System(우주 수송 시스템)의 약자로서 재사용이 가능한 나사의 유인 우주선을 말한다. 우주왕복선이라고도 한다.

방했고, 자신들의 지난 사연을 짐작도 못 하는 우주 전문가들 앞에서 소개되기도 했다. 진 노라 스텀보 제슨Gene Nora Stumbough Jessen은 1995년의 초대에는 응했지만, 새로 설립되는 나인티나인스 여성조종사박물관Ninety-Nines Museum of Women Pilots 개관식에 참여하느라 이번 발사 현장에 참석하지 못했다. 하지만 WASPWomen Airforce Service Pilots, 미 항공대 여성 조종사(제2차 세계대전 당시 군용기를 전장으로 운송했던 최초의 여성 비행사들)나 월리 걸스Whirly-Girls(최초의 여성 헬리콥터 조종사 단체), 비행기 경주 대회인 에어 레이스의 선구적 챔피언들을 포함하여 한다하는 여성 조종사 대부분이 참석했다.

그럼에도, 이 역사적인 순간을 다른 누구보다 자신의 일처럼 받아들이고 있는 이들은 다름 아닌 제리 코브 일행이었다. 38년 전에는 이 여성들이 주인공이 될 수도 있었기 때문이다. 이들은 거의 우주 비행사가 되기 직전까지 갔었다.

잠시나마 같은 꿈을 꾸었기에 이들은 똑같은 길을 함께 걸어왔다. 그 길은 저마다의 이야기를, 뿐만 아니라 미국의 역사이기도 한 보다 큰 차원의, 현재도 진행 중이며 생생하게 살아 숨 쉬는 이야기를 엮어내는 데 도움이 되었다.

우주왕복선 발사는 지극히 정교한 과정이다. 모든 조건을 완벽하게 만족해야 한다. 이번에는 날씨가 나빠 발사가 연기된다. 사람들은 케이프커내버럴에서 벗어나 저마다 타고 온 그레이하운드 버스에 다시 올라 코코아비치Cocoa Beach로 먼 길을 되돌아간다. 제리 코브 일행도 현장을 떠난다. 제리 코브는 별말이 없다. 이따금 수다에 끼어들 뿐이다.

본래 이들은 모두 13명이었다. 그중 두 사람이 세상을 떠나고 남은 11명 중에서 여덟이 발사 현장에 모였다. 제리 슬론 트루힐Jerri Sloan Truhill과 버니스 "비" 스테드먼Bernice "B" Steadman, 레아 헐 월트먼Rhea Hurrle Woltman, 세라 거렐릭 래틀리Sarah Gorelick Ratley, 이 네 사람은 일정을 맞추어 같은 시간에 올랜도 공항에 도착했다. 그런 다음 렌터카 한 대를 빌

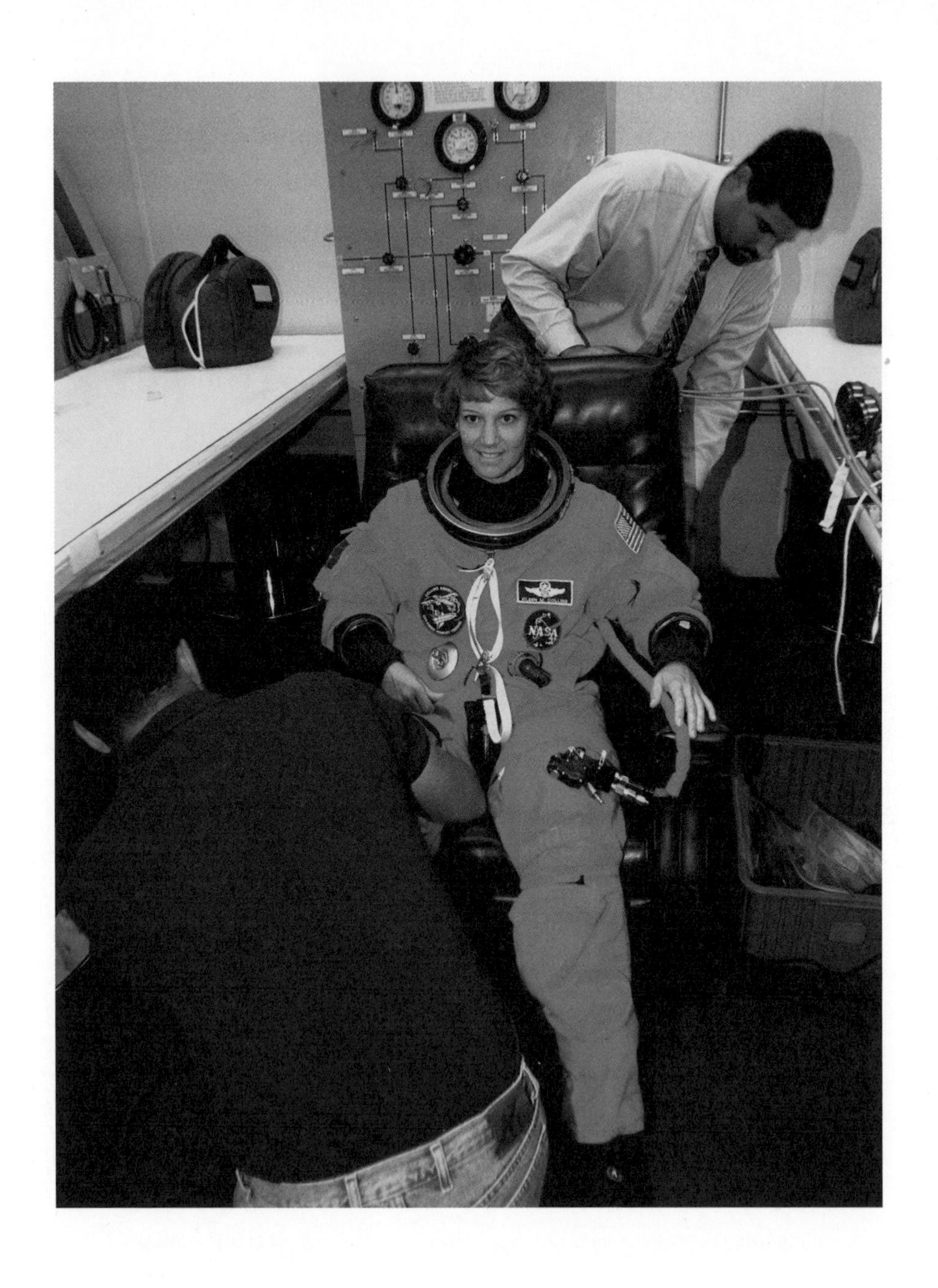

여성 최초로 우주왕복선의 사령관이 된 아일린 콜린스가 발사를 앞두고 사람들의 도움을 받아 우주복을 착용하고 있다.

우주왕복선에 오르기 전 STS-93 승무원들이 군중을 향해 손을 흔들고 있다.
(뒤에서부터, 왼쪽에서 오른쪽으로) 미션 스페셜리스트인 미셸 토니니(Michel Tognini)와 캐서린 G. 콜먼(Catherine G. Coleman), 조종사 제프리 S. 애슈비(Jeffrey S. Ashby), 미션 스페셜리스트 스티븐 A. 홀리(Steven A. Hawley), 그리고 사령관 아일린 M. 콜린스.

려 케이프커내버럴에 당도했고, 모텔에서도 큰 방을 하나 빌려 함께 묵었다. 함께할 기회가 많지 않았던 네 사람은 비좁은 잠자리에서 함께 뒹굴며 밤새워 대화를 나누고 어떻게들 살고 있는지 들었다. 나머지 셋, 다시 말해 제인 하트Jane Hart와 월리 펑크Wally Funk, 아이린 레버튼Irene Leverton도 자리를 함께했다.

연기된 발사를 기다리는 동안 일행은 코코아비치의 어느 커피숍에 자리를 잡았다. 제리 슬론 트루힐이 새파란 초보 파일럿 시절에 겪은 파란만장한 이야기로 분위기를 돋운다. 이를테면 그녀가 헬멧을 벗고 여자라는 사실을 드러냈을 때 깜짝 놀라던 어떤 남자의 뜨악한 표정에 관한 이야기다. 일행 모두가 제리 슬론 트루힐이 겪은 상황을 정확하게 이해한다. 자신들도 예외 없이 겪었던 일이기 때문이다. 쉽게 전염되는 그녀의 너털웃음을 따라 모두가 함께 웃는다.

제리 슬론 트루힐은 속내를 궁금해할 필요가 없는 사람이다. 할 말이 있으면 꾹 참기보다 자신의 생각을 있는 그대로 주저 없이 말하는 성격이기 때문이다. 이제 칠십대 할머니가 되었지만 제리 슬론 트루힐은 여전히 뼛속 깊숙이 모험을 두려워하지 않는 반항아다. 모험을 두려워하지 않는 성품은 그들 모두가 같다.

이 여성들이 우주 비행사에 도전한 때가 1961년이었다. 여성은 남성의 서명 없이는 차를 빌릴 수도, 은행에서 대출을 받을 수도 없던 시절이었다. 여자 프로스포츠 팀은 하나도 없었다. 여자는 텔레비전에서 뉴스를 전달하는 기자도 될 수 없었고, 마라톤 대회에 참가하거나 경찰관으로 일하는 것도 허용되지 않던 시절이었다. 그리고 제트기 조종사가 되는 것도 불가능했다. 당시 여자라서 할 수 없었던 수많은 일 중 단 몇 가지만 소개해도 이 정도였다.

상황이 이랬지만 이 여성들은 우주 비행사가 되려는 노력을 포기하지 않았다. 이들의 결심은 매우 굳건했다. 이들 모두가 어릴 때부터 같은 꿈을 품었다. 이 여성들은 비행할 운명을 타고났던 것이다.

카운트다운이 다시 시작되다

발사 시도가 재개되자, 제리 코브와 일행은 멀찌감치 서서 그 모습을 지켜보면서 카운트다운이 시작되기를 기다리며 기도한다. 아무 말씽 없이 발사에 성공하기를. 그녀들의 하나같은 바람이다. 이번만큼은 오랜 기다림이 보람찬 결과를 얻기를 기원한다.

STS-93은 모든 발사 준비를 마쳤다.
아일린 콜린스도 준비를 마쳤다.
월리 펑크가 목소리를 높여 외친다.
"날아올라, 아일린! 우리를 대신해서 날아올라!"
지켜보는 관중도 긴장한다.
카운트다운이 시작된다.
9……8……7……
거대한 전자시계 속에서 반짝이던 숫자들이 일순 멈춘다.
기술적 결함이 발견되었다. 또다시 연기.
군중 속에서 누군가 소리친다. "발사 6초 전!"
제리 슬론 트루힐이 심드렁하게 맞받는다. "발사 38년 전부터 카운트다운 하라고."

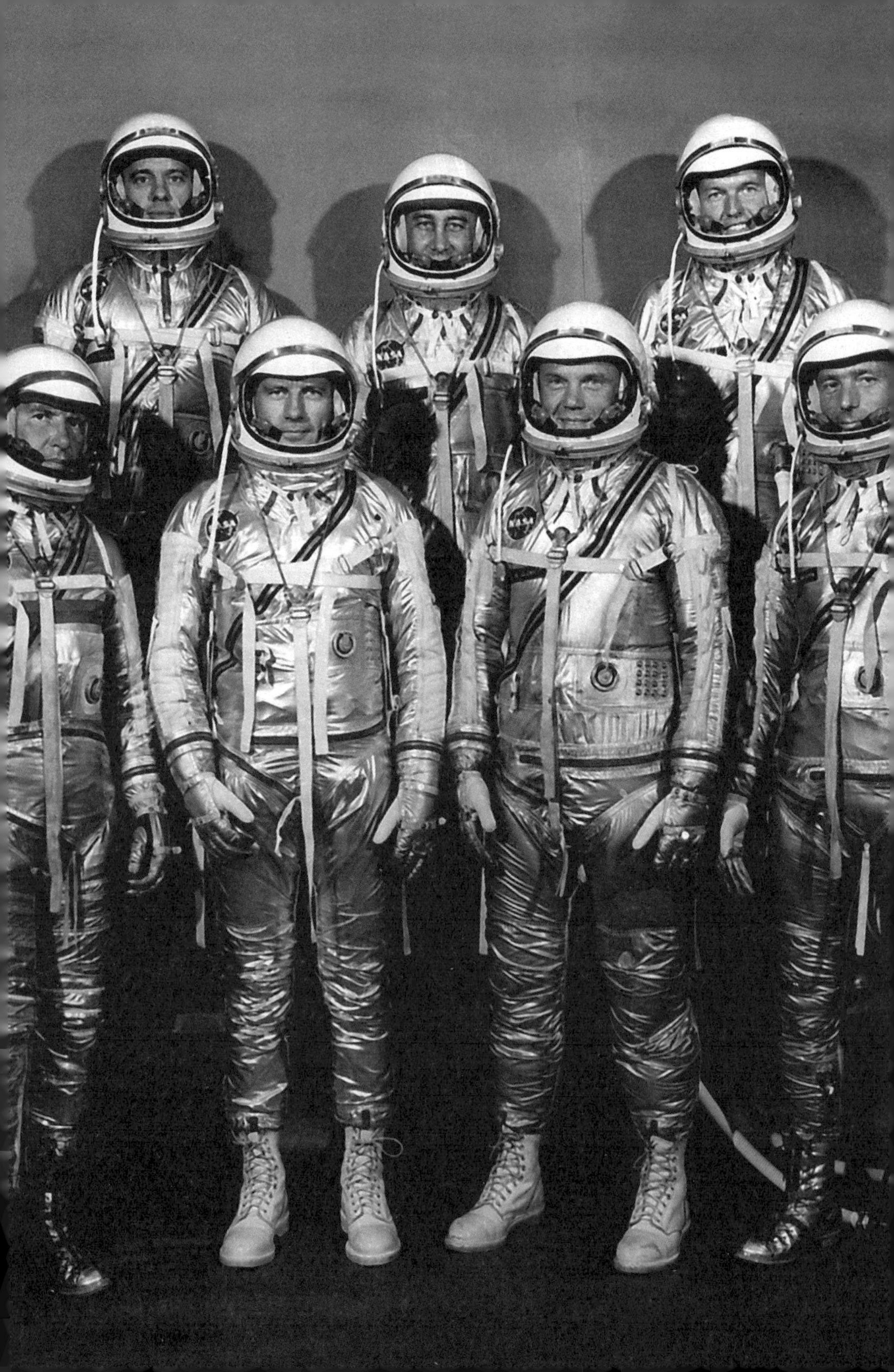

2 저는 바로 제안을 받아들였습니다

1960년

시간을 돌려 과거로 가 보자.

존 F. 케네디가 이제 막 대통령으로 당선된 참이었다.

3년 전인 1957년, 소비에트사회주의공화국연방(오늘날의 러시아)은 '스푸트니크'Sputnik라고 이름 붙인 인공위성을 최초로 발사했다. 누구든, 어디에서든, 지구 궤도에 무엇인가를 쏘아 올리는 데 성공한 것은 사상 처음이었다. 이 역사적인 사건은 전 세계 사람들 사이에 회자되었고 미국은 우주 경쟁에 뛰어들기로 결정했다.

그리고 그 결정을 곧바로 실행에 옮겼다. 1958년, 소련이 스푸트니크 위성을 쏘아올린 이듬해에 미국은 서둘러 미국항공우주국National Aeronautics and Space Administration, 즉 나사라는 기관을 새로 설립했다. 케네디 대통령은 우주 탐험권을 얻기 위한 경쟁에서 소련을 물리치고 승

'머큐리 세븐' 우주 비행사들. (앞줄 왼쪽부터) 월터 M. "월리" 시라(Walter M. "Wally" Schirra), 도널드 K. "디크" 슬레이튼(Donald K. "Deke" Slayton), 존 H. 글렌 주니어(John H. Glenn Jr.), 스콧 카펜터(Scott Carpenter), (뒷줄 왼쪽부터) 앨런 B. 셰퍼드 주니어(Alan B. Shepard Jr.). 버질 I. "거스" 그리섬(Virgil I. "Gus" Grissom), L. 고든 쿠퍼 주니어(L. Gordon Cooper Jr.).

1961년 5월 25일 케네디 대통령은 역사적인 연설을 남겼다. 그는 "1960년대가 끝나기 전에 인간을 달에 보내고 안전하게 지구로 귀환시킨다는 목표를 달성하기 위해 미국이 전력을 다해야 한다"고 선언했다. 그의 뒤로 린든 B. 존슨(Lyndon B. Johnson) 부통령(왼쪽)과 샘 T. 레이번(Sam T. Rayburn) 하원 의장이 대통령의 연설을 지켜보고 있다.

리를 거두는 일을 최우선 국정 과제로 삼았다.

구체적으로, 인간을 지구 궤도로 올려 보낸다는 머큐리 계획Mercury program★이 수립되었다. 이 목표를 달성하고자 나사는 최고 기량의 팀을 꾸렸다. 광범한 테스트와 훈련 과정을 통해서 가리고 가려 뽑은 최고 중의 최고, 제트기 시험비행 조종사인 7인의 남성이 미국의 1세대 우주 비행사로 선발되었다.

이들은 '머큐리 세븐'★★이라 불리며 영웅으로 대접받았다. 1959년 9월 14일, 만면에 빛나는 미소를 머금은 일곱 남자의 사진이 《라이프》Life의 표지를 장식했다. 기사 제목은 "우주 비행사들 — 역사를 새로 쓸 준비를 마치다"였다. 세계와 그 경

★ 나사의 우주 프로그램은 머큐리 계획(1961년~1963년, 1인승 우주선 발사) 이후 제미니 계획(1964년~1966년, 2인승 우주선 발사) — 아폴로 계획(1968년~1972년, 유인 달 탐사) — 스카이랩 계획(1973년~1974년, 우주정거장 설치) — 우주왕복선으로 이어진다.

★★ 이들은 모두 우주를 비행했고, 그중 앨런 셰퍼드는 달에도 갔다.

계를 넘어 모든 도전을 받아들일 준비가 된 자신만만하고 건장하며 말쑥하게 차려입은 남자들.

용기가 얼굴을 가졌다면 아마도 이런 모습이리라.

작가 톰 울프Tom Wolfe는 '머큐리 세븐'에 관한 이야기를 소설로 쓰며 제목을 『적합한 자질』The Right Stuff이라고 지었다. '적합한 자질'이란 제트기 시험비행 조종사, 그리고 최초의 우주 비행사들이 갖추었다고 생각되는 특정한 자질을 일컫고자 그가 만든 표현이었다. 시험비행 조종사는 신형 비행기나 우주선의 한계를 끊임없이 테스트하는 과정에서 자신의 생명을 지속적으로 위험에 노출하는 사람들로서 언제든 맡은 바 임무를 위해, 그리고 조국을 위해 목숨을 바칠 각오가 되어 있는 그런 사람들이었다. 톰 울프는 이렇게 썼다. "그러나 기꺼이 한목숨 내놓겠다는 단순한 의미에서의 용기가 아니었다……어떤 바보라도 할 수 있을 법한 생각이다. 하지만 이 경우에는……세차게 흔들리는 기계 장치를 타고 위로 날아오를 수 있는 능력과 자신의 모든 것을 걸 수 있는 마음가짐이 필요하다. 거기에 지긋지긋해서 하품이 나오는 마지막 순간에 모든 것을 취소할 수 있는 배짱과 반사 신경, 냉정함을 겸비해야 한다. 그리고 이튿날 다시, 다음 날도, 그다음 날도 또다시 비행기에 오른다……사나이다움, 남자다움, 남자다운 용기……이 자질에는 옛적부터 이어진, 원초적이며 저항하기 어려운 무언가가 있다."

9월 21일에는 미소를 머금은 또 다른 7인이 《라이프》의 표지를 장식했다. 일곱 우주 비행사의 아내들이었다. 소개 문구는 이렇게 쓰였다. "우주 비행사의 아내들—속내와 우려." 일곱 여성이 마음속 바람과 두려움을 서로 어떻게 공유하는지를 털어놓는 내용이었다. 각 가정에서 아이들을 목욕시키거나 설거지하는 모습, 아이들과 함께 자전거를 타거나 카드놀이를 하면서 남편이 퇴근하기를 기다리는 장면을 담은 사진은 아내답고 엄마답게, 자질구레한 집안일을 도맡아 처리하는 여성들을 보여 주었다. 실물 크기로 제작된 빨간색 우주캡슐 모형 옆

위: 제2차 세계대전 당시 미국 정부는 여성들의 역할을 강조하며 입대를 독려하고자 다음과 같은 포스터를 제작했다. 상단에는 "자랑스러운 나의 두 군인 아들딸", 하단에는 "지금 WAC에 지원하세요! 군에는 수천 개의 일자리가 비어 있어요! 미 육군 WAC"라고 쓰여 있다.

아래: WASP는 제2차 세계대전 당시 공장에서 생산된 비행기를 해외 군부대로 이송해 주는 비전투 임무를 수행하면서 자신의 목숨을 걸었지만, 군인이 아니라 민간 고용인으로 대우받았다.

에서 멋지게 포즈를 잡고 찍은 사진도 실렸다.

아내의 도리란 이런 것이라고 보여 주는 듯했다.

대중매체가 내놓을 만한 보기 좋고 근사한 짝이었다. 스스로에게 어울리는 자리를 굳건히 지키며 남성인 가장을 내조하고 식구들을 위해 언제든 불을 지펴 음식을 준비하는 여성들.

물론, 이런 이미지가 동시대 여성들, 특히 제2차 세계대전 이후 시대의 여성들을 모두 대표하지는 않았다. 많은 미국인들이 그저 입에 풀칠이라도 하려고 애쓰던 1930년대에는 피치 못할 사정이 있는 게 아닌 한, 여성은 직업을 가져서는 안 된다는 것이 백인 미국인의 일반적인 생각이었다. 남성들로부터 일자리를 빼앗아서는 안 된다는 것이었다. 이런 판단이 모든 여성에게 똑같이 적용되지는 않았다. 이를테면 아프리카계 미국인 여성의 경우, 특히 남부 지역에서는 백인 가정을 위해 일하는 사례가 많았다. 흑인 가정이든 백인 가정이든 극빈층이라면 딸들이 어떻게든 가계에 보탬이 되기를 기대했다. 그럼에도 영화나 여성 잡지, 일상적인 대화 속에서 드러나는 이상적인 여성상은 누가 뭐래도 별다른 직업을 갖지 않고 가정을 지키는 아내였다. 그러나 전쟁이 발발하자 태도가 돌변했다. 기업들의 생산력 증강이 절실하던 바로 그때 남성들이 해외로 파병되자 일터에 아무도 남지 않았기 때문이다. 군사 장비를 제조하고 해외에 보급하기 위해서 공장을 계속 돌리려면 누군가 일해야 했다.

덕분에 각계각층의 여성들이, 심지어 부유하거나 결혼한 여성들까지 제철소, 공장, 조선소 등지에서 일했다. 배를 만들고 비행기나 탄약을 제조하는 일을 여성들이 담당했던 것이다. 이와 더불어 적십자, WAC Women's Army Corps, 미 육군여성부대 그리고 WASP에도 지원했다.

여성들은 나라의 부름을 받았고, 자신들을 필요로 한다면 어느 분야라도 뛰어들었다. 그리고 조국이 자랑스러워할 만큼 최선을 다해 봉사했다.

그러다 해외로 떠나 있던 남자들이 돌아왔다.

여성들은 다시 새로운 사명의 부름을 받았다. 이번에는 이상적이라 여겨졌던 전통적인 가족상을 복원하는 것이었다. WASP조차도 날개를 접어야 했고 조직이 해체되었다. WASP는 여성도 비행기 조종사가 될 수 있음을 증명했지만, 이내 질문이 새롭게 바뀌었다. '여성들이 비행기 조종사가 되어야만 하는 걸까?' 대답은 '아니요'였다. 전쟁이 끝나자 남자들은 자신의 비행기와 일자리를 돌려받길 원했다. 그리고 바라는 대로 고스란히 돌려받았다.

전쟁에 나가 싸운 남자들은 음울한 전장을 뒤로하고 이제 다정한 아내, 하나둘 늘어나는 아이들이 있는 아늑한 가정으로 돌아오고자 바랐다. 경기가 좋아지면서 일자리가 늘어났고, 대다수 남성은 외벌이 수입으로 가족의 생계를 책임질 수 있었다. 더불어 많은 여성들이 자신이 지켜야 할 자리는 가정이라는 생각에 동의했다. 하지만 독립을 맛보았고, 스스로 돈을 벌어 가족의 생계를 돕고 가정 밖의 일자리에서 능력을 발휘하는 데 만족감을 느끼는 여성들도 있었다. 이들은 이 모든 것을 포기하고 싶지 않았고, 국민 정서의 이러한 변화가 마뜩지 않았다. 일과를 마치고 퇴근하는 남편을 기다리다가 때맞춰 따뜻한 요리를 내놓는 일상, 그 이상의 희망과 꿈을 품고 있었다. 1940년대 후반부터 1950년대 내내 이런 여성들은 본연의 '자연스러운' 역할에 순응하지 않는 부적응자로 치부되기 일쑤였다.

1959년, 용기와 영웅심을 시각적으로 구현한 이상적인 인물로서 '머큐리 세븐'이 제시되었을 때 대부분의 미국인들은 주저 없이 이에 동의했다. 그러나 그렇지 않은 여성들도 있었다. 이들은 스스로를 같은 사진에서, 다시 말해 잡지 표지 속 우주 비행사로 바라보고 싶어 했다.

러브레이스의 등장

윌리엄 랜돌프 러브레이스William Randolph Lovelace II 박사는 나사 산하 생명과학위원회Life Sciences Committee의 위원장이었다.

그는 의사 자격으로 '머큐리 세븐' 비행사들이 거쳤던 모든 테스트 과정에 관여했다.

그리고 과학자로서 여성의 능력이 남성에 뒤지지 않는다고 믿었고, 자신의 생각을 증명하고 싶었다.

러브레이스 박사는 현실적인 사람이었다. 여성이란 으레 결혼과 자녀 양육에만 관심을 보이는 존재, 가족을 돌보고 상대의 심기를 건드리지 않는 다정한 존재로 치부되는 현실을 충분히 인지하고 있었다.

이와 같은 사회 분위기에서, 우주 비행사를 지망하는 여성이란 엄청난 논란을 야기할 것이 분명했다. 어쩌면 어이없는 농담처럼 취급될 수도 있었다.

러브레이스 박사는 여성이 우주 프로그램에 참여할 수 있으려면 그저 우주 비행사의 업무를 감당할 정도가 아니라, 그 이상 준비되어 있음을 한 점 의심 없이 증명해야 한다고 생각했다. 러브레이스 박사 자신은 실제로 여성들에게 그럴 능력이 있다고 믿었다.

여기서 한 발 더 나아가 러브레이스 박사는 여성이 우주 프로그램에 참여한다면 비용을 상당히 절감할 수 있다고 믿었다. 여성은 일반적으로 남성에 비해 체구가 작고 가볍기 때문에 필요 산소량이 적고 비행선 안에서 공간도 덜 차지한다. 체중이 450g 감소할 때마다 나사가 절약할 수 있는 비용이 거의 1,000달러에 육박했기에 여성 우주 비행사는 비용 대비 효율이 높았다. 그럼에도 나사를 상대로 자신의 이런 아이디어를 설득하기가 쉽지 않으리라는 것을 러브레이스 박사는 알고 있었다.

러브레이스 박사만 이런 생각을 해 본 것은 아니었다. 사실 박사의 계획은 1959년에 시도되었던 여성의 우주 비행 적합성 테스트 계획 세 가지 중 하나였다. 당시 전반적인 여성의 입지를 감안한다면 이런 시도가 의아하게 여겨질 수 있다. 그중 《룩》Look이라는 잡지에 소개되었던 계획은 과학만큼 대중적 이미지에 치중한 제안이었다. 잡지 시장에서 《라이프》와 경쟁하고 있던 《룩》은 1960년대라는 새로운 십 년을 맞이하며 전반적인 사회 분위기를 선도할 수 있는 참신한 이야기를 찾고 있었다. 이에 비하여 나머지 두 가지 계획은 보다 과학적인 목표를 전제하고 있었다.

러브레이스 박사는 '우주로 간 여성' 프로그램을 기획한 선구자였다.

《룩》지는 우주 비행사가 되기 위한 테스트를 받는 여성을 소개하는 것이 흥미로운 기삿거리가 될 수 있으리라 판단했다. 그리하여 나사의 허가를 받아 베티 스켈턴Betty Skelton이라는 일류 조종사가 궤도 비행 모의실험 장치, 다시 말해 실물 모형 우주선을 조종하게끔 했다. 베티 스켈턴은 고속으로 회전하는 '인간 원심분리기'에도 탑승했다. 우주에서 받는 강한 중력가속도에 대비하는 훈련 장치였다. 기립 경사대 테스트도 받았다. 수평 상태와 65도 각도로 곧추선 상태 사이를 빠르게 오락가락하는 침대 위에 누워 견뎌야 하는 테스트였다. 체액과 신체 기능을 반복해서 측정하고 검사했다. 존 글렌과 스콧 카펜터 등 '머큐리 세븐' 비행사들이 받았던 것과 일부 동일한 테스트였다.

잡지가 발행되었을 때 《룩》의 표지에 실린 세련된 은색 우주복 차림의 베티 스켈턴은 매우 멋있어 보였다. 헤드라인은 "여성이 먼저 우주로 가야 할까?"였다. 본지에는 체격에 비해 다소 헐렁한 남성용 사이즈의 비행복을 입고 테스트를 받는 베티 스켈턴의 모습과 함께 즐거워 보이는 '머큐리 세븐'(알려진 바로 그들 사이에서는 베티 스켈턴이 '7과 1/2'로 불렸다고 한다) 우주 비행사들의 사진이 잔뜩 실렸다.

정작 베티 스켈턴의 테스트 결과에 관한 내용은 기사에 단 한 줄도 실리지 않았다. 다만 다음의 기사 내용으로 미루어 보건대 그녀가 매우 잘해 냈으리라 짐작할 수는 있다. "베티 스켈턴은 여성이 남성에 비해 몸무게당 지능과 체력이 상대적으로 우수하다는 해부학적 사실을 증명하는 소소한 예일 뿐이다." 하지만 사진 속 베티 스켈턴은 남성 조종사들이 지도하는 대로 받아들이는 모습이 마치 과장된 직업 체험의 날 행사에 참여한 풋내기처럼 보였다. 이 기사는 또한 여성 우주 비행사 후보로서 바람직한 신체적, 사회적 조건을 거론하며 "35세 미만의 기혼 여성으로서 가슴이 빈약하고 몸무게가 가벼워야" 한다고 썼다. 여기에 덧붙여 "조종사의 과학자 아내"가 가장 이상적인 후보 조건이라고 제안했다. 언제라도 다른 남성에게 조종석을 넘겨주고 (아마도 남성일) 동료 비행사들을 돌보는 역할을 떠안을 준비가 되어 있어야 한다는 것이다.

기본적으로 《룩》은 여성 우주 비행사를(실제로 여성 우주 비행사를 진지하게 고려했는지 의문이기는 하지만) '엄마' 같은 유형으로 상정하고 있었다. 기혼자로서 남성의 이목을 끌지 않는 데다 체형이 중성적이어서 나사가 굳이 여성용 우주복을 새로 디자인하는 데 아까운 시간을 낭비하지 않아도 되는 그런 여성상 말이다.

그 누구라도 남성 우주 비행사란 모름지기 성적 매력이 거의 없는 기혼 남성이어야 한다고 주장한 사람이 있었던가? 아니다. 그런 적은 단 한 번도 없었다. 그런 관점으로 남성을 평가한다면 모욕으로 받아들일 것이다. 이상적인 여성 우주 비행사 후보를 이런 식으로 상상한다는 것은 그 시절 여성을 바라보는 두 가지 관점을 보여 준다. 뭇 남성의 눈길을 끄는 곡선미를 가진 존재이거나 아니면 어떤 남성도 눈길을 주지 않는, 안심할 수 있을 만큼 평범한 존재이거나. 자신만의 가치, 강인함, 용기를 의심할 바 없이 뚜렷하게 보여 주었음에도 여전히

위: 베티 스켈턴은 곡예비행 챔피언으로서 기록을 세웠을 뿐만 아니라 자동차 경주에 참가해 지상에서의 속도 기록도 경신한 바 있다. 베티 스켈턴의 비행기인 '리틀 스팅커'(Little Stinker)는 현재 스미스소니언 국립항공우주박물관에 전시되어 있다.

아래: 루스 니컬스가 이룬 여러 업적 중 하나는 재난 상황에 처한 공군을 돕는 릴리프 윙스(Relief Wings)의 설립을 도왔다는 것이다. 루스 니컬스는 여성 최초로 대서양 횡단에 성공한 비행사 어밀리아 에어하트(Amelia Earhart)와 절친한 친구 사이였다.

이런 이분법적 시선으로 자신을 바라본다는 사실에 좌절감을 느끼는 여성들도 있었다. 베티 스켈턴은 '머큐리 세븐' 비행사들이 자신을 환대했지만, 다른 한편에 "우주로 간 여성이라고? 내 마음대로 할 수만 있다면 여자들을 모두 우주로 보내 버릴 텐데!"라고 말하는 최고위급 관리자도 있었다고 훗날 밝혔다.

결과적으로, 《룩》은 대중의 흥미를 끌 기사를 얻었고, 나사는 자신들이 추진하는 우주 프로그램을 일반 대중에게 매력적으로 선보이는 데 성공했다. 이 모든 것은 결국 나사의 홍보 활동이었다. 실제로 베티 스켈턴을 잠재적인 우주 비행사 후보로 생각한 사람은 아무도 없었다. 당사자인 스켈턴 자신도 그런 현실을 잘 알고 있었다.

그렇다면 그녀는 왜 그런 작업에 참여했을까? 이 질문에 대해 베티 스켈턴은 다음과 같이 말했다. "저는 여성도 이런 일을 할 수 있다는 것을, 그것도 잘해 낼 수 있다는 것을 사람들에게 보여 줄 기회라고 생각했습니다." 그녀의 생각은 옳았다. 베티 스켈턴의 테스트 결과는 기록으로 남았다. 남성들이 사용하는 장비와 기술을 똑같이 적용해서 여성의 능력을 측정한 최초의 시도 중 하나였다.

또 한 명의 걸출한 조종사인 루스 니컬스Ruth Nichols는 수십 년 동안 새로운 비행 기록을 세운 주인공이었다. 미 공군은 우주 비행사로서의 능력치를 테스트하고 대처 능력을 확인하고자 루스 니컬스를 오하이오주 데이턴Dayton에 위치한 라이트 공군개발센터Wright Air Development Center로 초대한 적이 있었다. 《룩》의 기사 작성을 위해 진행되었던 베티 스켈턴의 테스트와 달리 이번 테스트는 대중 소비용이 아니었다. 그리고 베티 스켈턴과 마찬가지로 루스 니컬스 역시 훌륭한 성과를 보여 주었다.

루스 니컬스는 자신의 성별에 대해 거리낌 없이 자유롭게 이야기하는 사람이었다. "저는 우주 비행에서 여성 인력을 활용해야 한다고 강력하게 요구했습니다. 제가 라이트 공군기지에 갔을 때만 해도 사람들은 이런 주장에 경악했고 '어떤 상황에서도, 절대로 안 될 일'이라고 말하기도 했습니다."

연구자들은 루스 니컬스에게 여성은 우주로 갈 수 없다고 말했다. 까다로운 상황에 직면했을 때 여성이 얼마나 잘 대처할 수 있는지 충분히 밝혀지지 않았기 때문이라고 했다. 니컬스가 보기에는 바로 이런 이유 때문에 과학자들이 여성 대상의 테스트를 서두르고 그에 집중해야 했다. 하지만 미 공군은 이런 접근법에는 관심이 없었다. 그들은 루스 니컬스의 테스트 결과를 흥미로운 참고 사항 정도로 치부했고 파일로 철해 멀리 치워 두고는 없는 셈 쳤다. 사실 그녀가 얼마나 잘해냈는지 외부로 소문이 새어 나갔다가는 전체 프로젝트를 망칠지도 몰랐다.

루스 니컬스가 이런 테스트를 받게 된 배경에는 미 공군 소속의 도널드 플리킨저Donald Flickinger 준장이라는 인물이 있었다. 도널드 플리킨저는 새로운 시도를 두려워하지 않는 사람이었고, 러브레이스 박사의 아이디어에 어느 정도 공감하고 있었다. 두 사람은 오랜 친구였다. 플리킨저 준장은 '머큐리 세븐'을 테스트하는 막중한 책임을 담당할 수 있도록 나사에 러브레이스 박사를 추천한 사람 중 하나이기도 했다. 그는 막역한 친구 사이인 러브레이스 박사와 계속 연락하며 지냈다.

러브레이스 박사와 나사 사이의 협업 관계는 이미 견고하게 자리 잡았다. 러브레이스 박사는 예비 우주 비행사들의 역량을 어떻게 테스트해야 하는지 잘 알고 있었고 연구 시설도 보유하고 있었다.

다른 한편, 플리킨저 준장은 공군 예산을 끌어올 수 있었다.

두 사람은 머리를 맞대고 의논했고, 자신들이 구상 중이던 여성 대상의 테스트 계획을 '프로젝트 WISEWoman in Space Earliest, 우주로 간 최초의 여성'라고 부르기로 했다. 하지만 일상적인 대화 속에서 플리킨저 준장은 흔히 '여성 우주 비행사 프로그램'girl astronaut program이라고 부르는 경우가 많았다. 이제 그들에게 필요한 것은 테스트 대상이 될 완벽한 후보

여성을 찾는 일이었다.

1959년 9월, 제리 코브의 등장

당시 스물여덟 살이던 제리 코브는 가는 몸에 하늘처럼 푸른 눈을 가진 여성으로, 이미 열두 살 때부터 비행기를 탔다. 비행 능력을 타고났다고 할 수 있었다. 그녀의 비행 기록은 이미 7,000시간을 넘어서고 있었는데, 이는 존 글렌의 5,000시간이나 스콧 카펜터의 2,900시간 기록을 훨씬 뛰어넘는 수준이었다. 전 세계 곳곳으로 군용기를 운송해 주는 일을 했고 세계 최고 고도 기록과 함께 경비행기 세계 속도 기록도 보유하고 있었다. 여성 조종사 기록을 깬 것이 아니라 남녀 모두를 통틀어 최고 기록을 보유했다.

제리 코브가 원하는 것은 보다 더 높이, 더 빨리, 더 멀리 나는 것, 그뿐이었다.

특별했던 어느 날 아침, 제리 코브는 1년에 한 번 열리는 공군협회Air Force Association 회의에 참석하고자 상관인 톰 해리스Tom Harris와 함께 플로리다주 마이애미에 와 있었다.

아침 7시 즈음 두 사람이 해변을 산책하는 사이 수영을 마친 두 남자가 바다에서 걸어 나와 그들 곁으로 다가왔다. 톰 해리스는 두 사람을 알아보고 손을 흔들어 인사했다. 그들의 얼굴은 처음 보았지만 제리 코브 역시 두 사람의 이름을 익히 들어 알고 있었다. 바로 도널드 플리킨저 준장과 랜돌프 러브레이스 박사였다.

비행기 좀 조종해 본 사람이라면 누구라도 유인 우주선의 미래가 도널드 플리킨저의 손에 달려 있고 러브레이스 박사가 나사의 우주 비행사들과 협업하고 있다는 사실을 잘 알고 있었다.

반면에 플리킨저 준장과 러브레이스 박사는 그때까지만 해도 제리 코브를 전혀 알지 못했다. 세계 기록을 세우고 각종 상을 수상한 포니테일 머리 모양의 이 조종사를 말이다.

두 사람은 금세 제리 코브에게 흥미를 느꼈다. 바로 두 남자가 바라마지 않던 그런 여성이었다. 완벽한 조건을 갖춘 테스트 대상자가 바로 자신들 눈앞에, 해변 위에 서 있었다.

그저 운이 좋았던 것일까? 꼭 필요한 때에 꼭 필요한 장소에서 서로 조우하게 된 것이? 사실 약간의 행운이 따랐을 수도 있다. 어쨌든 두 남자는 제리 코브야말로 '적합한 자질'을 가진 주인공일지도 모른다는 인상을 받았다.

플리킨저 준장과 러브레이스 박사는 대화를 나누어 보자며 제리 코브를 자신들이 머물고 있던 퐁텐블로 호텔로 초대했다. 그리고 신체 건강한 젊은 여성 조종사가 또 있는지 물었다.

두 사람은 의학 테스트 결과를 보면 여성이 남성들에 비해서 고립감이나 고통을 보다 잘 이겨 낸다고 제리 코브에게 설명했다. 다만 우주 적합성 테스트에서 여성들이 얼마나 잘 견디는지를 보여 주는 자료가 전무한 현실이 문제라고 했다.

두 남자가 바로 이런 데이터를 원했다.

이야기를 듣는 동안 제리 코브는 뒷목이 서늘해지는 것을 느꼈다.

여기 있는 미 공군 장교, 그리고 나사와 협력하고 있는 이 의사는 그녀가 여성 우주 비행사 테스트의 첫 번째 대상자가 될 수 있을지 알고 싶어 했다. 과연 제리 코브는 우주 환경에 대처하는 여성의 능력을 확인하기 위한 테스트에 자원할까? 여성들이 가치를 증명할 수 있는 기회를 얻을 수 있도록 기꺼이 나서서 도와줄까?

항공 분야에서의 성차별이라면 제리 코브도 이미 진저리 날 만큼 익숙했다. 조종사로서 일자리를 구하려 하면 "여성이 조종석에 앉아 있는 여객기를 타려는 승객은 없습니다"라며 일언지하에 거절당하기 일쑤였다. 조종사가 되겠다는 코브의 꿈을 응원했던 아버지조차 이런 말로 딸을 다독였다. "얘야, 여자가 할 수 있는 일이 아니란다……여자에게는 아예 기회를 주지 않아." 반면에 남성 조종사들은 먼저 채용되고 가장 좋은 일자리를 얻고는 했다. 제리 코브는 이런 남성 조종사들이 꺼리는 저임금 일자리에 만족해야 하는 경우가 다반사였다.

그렇지만 제리 코브는 그다지 괘념치 않았다. 어쨌든 하늘을 날 수 있지 않은가.

이런 상황에서, 코브의 바로 앞에 두 남자가 있었다. 하늘 높이 날겠다는 바람 중에서도 가장 이루기 어려운 꿈을 현실로 만들어 줄 수 있는 힘을 가진 사람들이었다.

제리 코브의 두 눈에 눈물이 고였다. 두말할 것도 없었다. "저는 바로 제안을 받아들였습니다." 훗날 그녀는 말했다.

한동안 일이 계획대로 착착 진행되었다. 도널드 플리킨저 준장과 랜돌프 러브레이스 박사, 제리 코브는 함께 협력하여 테스트 대상으로서 적합한 여성 조종사들을 파악했다.

하지만 이내 난관에 부딪혔다.

플리킨저 준장의 상관들은 당시까지도 루스 니컬스 사태로 심기가 불편했다. 니컬스에 관한 정보가 대중에게 알려졌고, 이는 군 당국이 여성 우주 비행사 테스트를 긍정적으로 보고 있다고 해석될 여지가 있었지만 실상은 이와 달랐다. 그들은 플리킨저 준장에게 우주 비행과 관련하여 여성을 대상으로 하는 테스트를 추가로 진행할 뜻이 없음을 분명하게 밝혔다.

도널드 플리킨저는 제리 코브에게 사과 편지를 보냈다. '프로젝트 WISE'는 이렇게 제대로 시작도 못 해 보고 막을 내렸다. 하지만 플리킨저 준장도, 러브레이스 박사도, 그리고 다른 누구보다 당사자인 제리 코브가 이대로 포기하려 하지 않았다.

자신을 빼고 프로젝트를 진행해 보라는 플리킨저 준장의 제안을 받고 러브레이스 박사는 자신이 운영하는 재단을 활용하기로 마음먹었

뉴멕시코주 앨버커키에 위치한 러브레이스 클리닉.

다. 그리고 나사에 명확하고 설득력 있는 사례들을 제시할 수 있을 만큼 충분한 자료를 확보하기 전까지 자신의 활동을 비밀에 부치기로 했다. 우주 경쟁으로 미국의 과학, 의학, 기술력 전부가 소련의 과학, 의학, 기술력과 맞붙을 터였다. 합리성과 객관성, 각종 테스트와 계측 능력이 성패를 좌우하는(혹은 그럴 것으로 생각되는) 경쟁이었다. 때문에 테스트를 흠결 없이 진행하고 의문의 여지가 없는 결과를 제시할 수만 있다면 나사는 자신의 제안을 받아들일 수밖에 없으리라고 러브레이스 박사는 판단했다.

러브레이스 박사는 제리 코브에게 한 가지 지침을 주었다. 적절한 때가 되기 전까지는 자신들이 벌이는 일에 대해 누구에게도 발설하지 말 것. 이것은 '머큐리 세븐' 조종사들을 테스트할 때에도 적용한 러브레이스 박사의 원칙이었다. 그는 완벽하게 준비되기 전에는 자신이 손에 쥔 패를 보여 주지 않는 성격이었다.

이와 더불어 훈련을 시작하라고 제리 코브에게 말했다. 테스트를 앞두고 체력 단련이 필요했다.

제리 코브는 테스트에 대비해 최적의 몸 상태를 만들고자 행동에 들어갔다. 매일 새벽 5시에 기상해서 집 밖으로 나가 맨발로 근처 공터를 수십 바퀴 달렸다. 그런 다음 출근하고, 일과를 마친 다음에 다시 달리기를 시작했다. 그리고 일정 시간 동안 실내 자전거를 탔다. 그렇게 해서 하루에 8킬로미터를 달리고, 자전거를 32킬로미터 탔다.

계획에 따라 잠도 충분히 잤고, 단백질을 다량 섭취하는 식단을 지키려고 매일 아침마다 스테이크와 햄버거를 먹었다.

마침내 디데이가 도래했다. 해변에서 운명적인 만남이 있은 지 다섯 달이 지난 어느 날, 제리 코브는 뉴멕시코주 앨버커키Albuquerque에 위치한 러브레이스 클리닉으로 오라는 연락을 받았다. 여성이 우주 비행사로서 적합한지 여부를 증명할 때가 온 것이다.

실패란 있을 수 없었다.

제리 코브가 테스트에서 실패한다면, 다른 여성들에게는 두 번 다시 기회가 없을지도 몰랐다.

팀 내 유력 인사인 러브레이스 박사가 우주 비행사 후보로서 여성이 적합하다는 자료로 가득한 설득력 있는 보고서를 나사에 제출할 기회가 영원히 사라질 수도 있었다.

압박감이 이루 말할 수 없이 컸다.

1960년 2월 14일

우주 비행사 테스트 1단계.

제리 코브는 누구에게도 말하지 않고 뉴멕시코주로 갔다. 동료들이 듣기로는 심지어 부모님 집에도 들르지 않았다고 한다.

이렇게 비밀리에, 제리 코브는 최초의 여성이 되었다.

혈액 검사를 받은 최초의 여성. 엑스선 사진을, 그것도 100장 넘게 촬영한 최초의 여성. 튜브를 입에 물고 부는 폐 기능 검사를 받은 최초의 여성. 제리 코브는 훗날 튜브 검사에 대해 이렇게 썼다. "말하자면 역량계 위를 쇠망치로 내려쳐서 근력을 측정하는 방식으로 폐활량을 측정했다."

또한 얼음장처럼 차가운 물을 귓속에 넣는 실험의 대상이 된 최초의 여성이었다. 내이골內耳骨을 얼려 현기증을 유발하는 테스트였다. 극도의 어지럼증이 사람의 균형 감각과 지남력指南力을 완전히 마비시키기 때문에 현기증은 조종사들에게 매우 위험한 증상이다. 찬물이 내이에 들어가 닿는 순간 제리 코브의 손이 의자 팔걸이에서 툭 떨어졌지만 제 의지대로 다시 들어 올릴 수 없었다. 하늘이 빙빙 도는 것 같았다. 사람들은 코브의 안구가 뱅글뱅글 돌기를 멈추기까지, 다시 말해 현기증에서 회복되기까지 시간이 얼마나 걸리는지 측정했다. 매우 고통스러운 테스트였다. 똑같은 테스트를 한 번 더 실시하려고 다른 쪽 귀를 향해 다가오는 무시무시한 주사기를 두 눈으로 지켜보는 것은 한층 더 끔찍했다.

제리 코브는 목 안으로 90센티미터 길이의 고무호스를 넣은 최초의 여성이었다. 방사성 물을 마신 최초의 여성이었다.

뇌파를 측정하고자 머리에 탐침을 꽂은 최초의 여성이었다. 자기 전에, 그리고 잠에서 깨자마자 스스로 관장을 해야 했던 최초의 여성이었다.

탈진할 때까지 자전거 페달을 밟는 테스트를 받은 최초의 여성이었다. 제리 코브는 사람들이 그만두라고 할 때까지 계속 페달을 밟을 작정이었다.

기립 경사대에 누워 앞에서 뒤로, 뒤에서 앞으로 흔들리며 몇 분에 한 번 심박 수와 혈압을 측정한 최초의 여성이었다. 테스트 중에 기절

기립 경사대 테스트를 받는 제리 코브.

하는 사람도 많았지만 제리 코브는 어지럼증을 조금도 느끼지 않았다.

로스앨러모스Los Alamos의 어느 산중에 있는 정부 산하 비밀 기관을 찾아가 기계 속에 드러누워 체내 방사선 양을 측정한 최초의 여성이었다.

“비상 탈출 스위치는 여기에 있습니다.” 검사진 중 한 사람이 코브에게 말했다. 피험자가 공포감에 압도되어 테스트를 중단해야 할 때 누르는 스위치였다. 제리 코브가 스위치를 누를 일이 있었을까? 그런 일은 한 번도 일어나지 않았다.

제리 코브는 자신을 자극하고, 짜증나고 화나게 해서 평정심을 잃게 만들려고 고안된, 속사포처럼 연달아 쏟아지는 질문으로 구성된 심리 테스트를 받은 최초의 여성이었다. 정확하게 말하자면 총 195개의 질문이었다.

그중 몇 가지를 소개하면 다음과 같았다. ‘가장 좋아하는 취미는 무엇입니까? 이유는요? 그다지 가치 있는 활동 같지는 않습니다만, 왜 그런 일에 시간을 낭비하는 거죠?’

화를 유발하는 질문들.

당황하게 만드는 질문들.

이런 질문도 있었다. ‘그냥 죽어서 이 모든 번잡함에서 벗어나고 싶지 않나요?’

제리 코브는 냉정을 잃지 않았다, 단 한 번도.

제리 코브는 ‘머큐리 세븐’ 우주 비행사들이 받았던 총 87종의 신체 검사를 비밀리에 모두 받은 최초의 여성이었다.

그리고 머큐리 우주 비행사 테스트를 통과했다는 결과를 통보받은 최초의 여성이었다. 남성 후보들에 비해서 불평불만이 적었다고 의사들은 덧붙여 말했다.

말하자면, 다른 여성들이 들어올 수 있도록 닫혀 있던 문을 열어젖힌 최초의 여성이었다.

제리 코브는 어렸을 때 설소대 단축증 때문에 병원에서 고통스러운 시술을 견뎌야 했다. 코브는 테스트를 받는 동안 그때의 기억을 떠올렸다고 훗날 말했다. "다섯 살 때에는 그 시간만 참으면 탄산음료를 상으로 받았지요. 하지만 이번에는 그보다 훨씬 더 큰 보상을 기대하며 참았습니다."

1960년 8월 19일

러브레이스 박사는 스웨덴 스톡홀름에서 열리는 우주 관련 국제회의에 참석했다. 그 자리에서 테스트 결과를 깜짝 발표할 작정이었다.

자신이 스톡홀름 연설을 마칠 때까지, 그리고 제리 코브의 1단계 테스트에 관한 기사와 사진이 가득 실릴 《라이프》지가 8월 28일 판매대에 꽂힐 때까지, 이 두 가지가 이루어질 때까지만 비밀을 지켜 달라고 제리 코브에게 일러두었다.

러브레이스 박사는 마침내 새로운 소식을 발표했다. 제리 코브가 수행한 놀라운 테스트 결과를 전 세계에 알렸다. 제리 코브는 "미국의 유인 우주선 프로젝트를 앞두고 7인의 남성 우주 비행사 후보들이 받은 테스트를 성공적으로" 완수했다. 박사는 덧붙여 말했다. "여성 우주 비행사가 가진 일부 자질은 남성 우주 비행사들에 비해 우수하다고까지 말할 수 있을 것 같습니다." 이와 함께 "(현재로서는) 여성이 참여하는 구체적인 우주 프로젝트는 계획된 바 없습니다"라고 털어놓았다.

이 시각, 제리 코브가 머무르고 있던 뉴욕은 아직 한밤중이었다.

전화기가 요란하게 울리기 시작했다. 부모님 댁 전화기도 울리기 시작했다. 친구나 직장 동료의 전화기도 마찬가지였다. 전화벨 소리는 도무지 멈추지를 않았다. 도대체 이 여성이 누구인지 온 세상이 궁금해하는 것 같았다.

다음 날 아침, 놀라운 뉴스로 모든 신문이 도배되었다. 어느 신문에나 제리 코브의 사진이 실렸다. 수줍음 많고 조용조용한 제리 코브에게 느닷없이 언론의 관심이 열광적으로 쏟아졌다. 마치 FBI의 긴급 지명수배 명단에 오른 범죄자가 된 심정이었다고 제리 코브는 당시를 회상했다.

《라이프》와 《스포츠 일러스트레이티드》Sports Illustrated는 이후 한 주 내내 제리 코브에 관한 특집 기사를 지면에 실었다. 특히 《라이프》의 기사에는 각종 기계 장비를 매단 채 검사받는 제리 코브의 사진이 실렸는데, 그 사진들은 가히 파격적이고 충격적이었다. 머큐리 계획을 위해 '머큐리 세븐' 비행사들이 받은 것과 똑같은 테스트를 여성이, 그것도 훌륭하게 해내는 모습을 일반 독자들이 자신의 두 눈으로 직접 확인할 수 있었다.

제리 코브를 응원하는 사람들도 일부 있었지만, 어떤 사람들은 그녀를 칭찬하는 한편 불편한 심기를 누르지 못하고 공격하기도 했다. 이를테면 《로스앤젤레스타임스》는 다음과 같이 썼다. "과학자들은 남성이 달에 갈 방법도 아직까지 찾지 못했는데, 벌써부터 우주여행의 기회를 여성에게 제공하려는 사람들도 있다. 보다 능수능란한 여성이 얼마나 멀리까지 도달했는가를 보여 주는 사례이다." 그 밖에도 "달 아가씨 준비 완료"MOON MAID'S READY, "최초의 우주 처녀는 비행소녀인 듯"NO. 1 SPACE GAL SEEMS A LITTLE ASTRONAUGHTY, "'여류 우주 비행사'가 되고픈 20년 경력의 조종사"20 YEARS A PILOT, WANTS TO BE AN "ASTRONETTE" 등의 헤드라인은 당시 상황을 잘 보여 준다.

만평은 조롱으로 가득 찼다.

기자들은 제리 코브의 테스트 결과와 함께, 키나 몸무게와 같은 신체 치수를 실었다.

심지어 테스트 결과는 완전히 배제한 채, 어떤 요리를 즐겨 만들어 먹는지를 묻는 인터뷰 기사가 있는가 하면, 금발에 날씬하고 보조개

제리 코브의 고향인 오클라호마에서 발행되는 일간지 《데일리 오클라호먼》(Daily Oklahoman, 현재는 The Oklahoman) 1960년 8월 20일자에 실린 짐 랭(Jim Lange)의 만평. 그림 속 신문 헤드라인은 '최초의 여성 우주 비행사 후보가 된 오클라호마 출신 여성'이다.

가 패는 여성 조종사의 외모에 찬사를 보내는 가십 기사가 가득했다. "(그런 질문은) 비행과는 전혀 관련이 없는 것이었지요. 남성 조종사에 관해 쓴 기사에 신체 치수가 낱낱이 기재된 경우를 저는 한 번도 본 적이 없었습니다." 훗날 제리 코브는 당시를 회상하며 이렇게 말했다.

당시에 촬영한 영상을 통해 신원이 밝혀지지 않은 한 기자가 어떤 태도로 제리 코브를 인터뷰했는지 짐작할 수 있다. 이 기자는 제리 코브를 인터뷰하면서도 여성에게 진정한 관심사란 오직 결혼뿐이라는 사회적 편견에서 벗어나지 못했던 것 같다.

기자 당신이 남성들과 겨룰 수 있다고 생각하시나요?

제리 코브 저는 남성들과 경쟁하려는 것이 전혀 아닙니다.

남성이든, 여성이든 모두가 우주를 비행하게 되리라고 생각합니다.

기자 당신처럼 예쁜 아가씨라면 결혼에 대해서도 생각해 보았을 텐데요, 어떤가요?

제리 코브 아니요, 생각해 본 적 없습니다. 지금으로서는 이 세상 그 무엇보다 이 일에 집중하고 있습니다.

기자 우주에 떠 있는 것보다 남성하고 어울리는 것이 더 두렵다는 뜻인가요?

제리 코브 [불편한 듯 웃음을 지어 보이며] 아니요. 그렇게 말하지 않았습니다.

결국 나사를 설득하지 못했다. 일말의 관심도 보이질 않았다. 나사는 “당 기관은 과거 여성을 우주에 보낸다는 계획을 추진한 바 없으며, 현재도 그럴 계획이 없고, 가까운 미래에도 추진할 것으로 보이지 않습니다”라고 발표했다.

그 이유는? 공군이 여성을 대상으로 한 테스트를 계속 이어 나가려고 하지 않았던 이유에 대해서 플리킨저 준장이 다음과 같이 설명한 바 있다. “너무 사소해서 그 가치를 파악할 필요가 없다……는 데 의견이 일치했습니다.” 남성과 여성의 생리적인 차이라는 문제도 우주 연구자들을 곤혹스럽게 만든 것 같다. 물론 플리킨저 준장이나 러브레이스 박사처럼 보다 냉철한 사람들도 있었지만, 당대에는 여성의 월경주기가 뇌에 영향을 미친다는 미신과도 같은 주장을 그대로 믿는 사람들도 있었던 것이 사실이다. 제2차 세계대전 당시에는 심지어 의사들 사이에서도 이런 믿음이 만연했다. WASP에서 봉사했던 여성 조종사들은 반복적으로 “월경주기가 어떻게 되나요?”라는 질문에 답해야 했다. 혹여 “매우 불규칙한 편”이라고 대답했다가는 비행이 금지되었다. 여성 조종사가 월경 중일 때 비행기를 추락시킬 확률이 높다는 얼토당토않은 두려움 때문이었다. 이런 어이없는 의학 분야의 미신을 믿는 연구자들이 1960년대까지도 적지 않았다.

여기에 더해 여성의 신체는 또 다른 차원의 문제를 야기했다. 여성에게 맞는 여압복pressure suit을 다시 제작하려면 너무 많은 시간과 비용이 든다고 주장하는 사람들이 있었다. 플리킨저 준장은 러브레이스 박사에게 다음과 같이 말했다. "또 하나의 중요한 반대 이유는……여성에게 맞추어 부분 여압복을 손보는 데 발생하는 비용을 합리적으로 설득하지 못했기 때문이라고 하네."

그럼에도 러브레이스 박사는 이런 주장 때문에 마음을 바꿀 생각이 없었다. 제리 코브는 대중매체로부터 각광받고 있었고, 적어도 그 세계 안에서는 그녀가 이미 미국 최초의 "여성 우주 비행사"로 통했다.

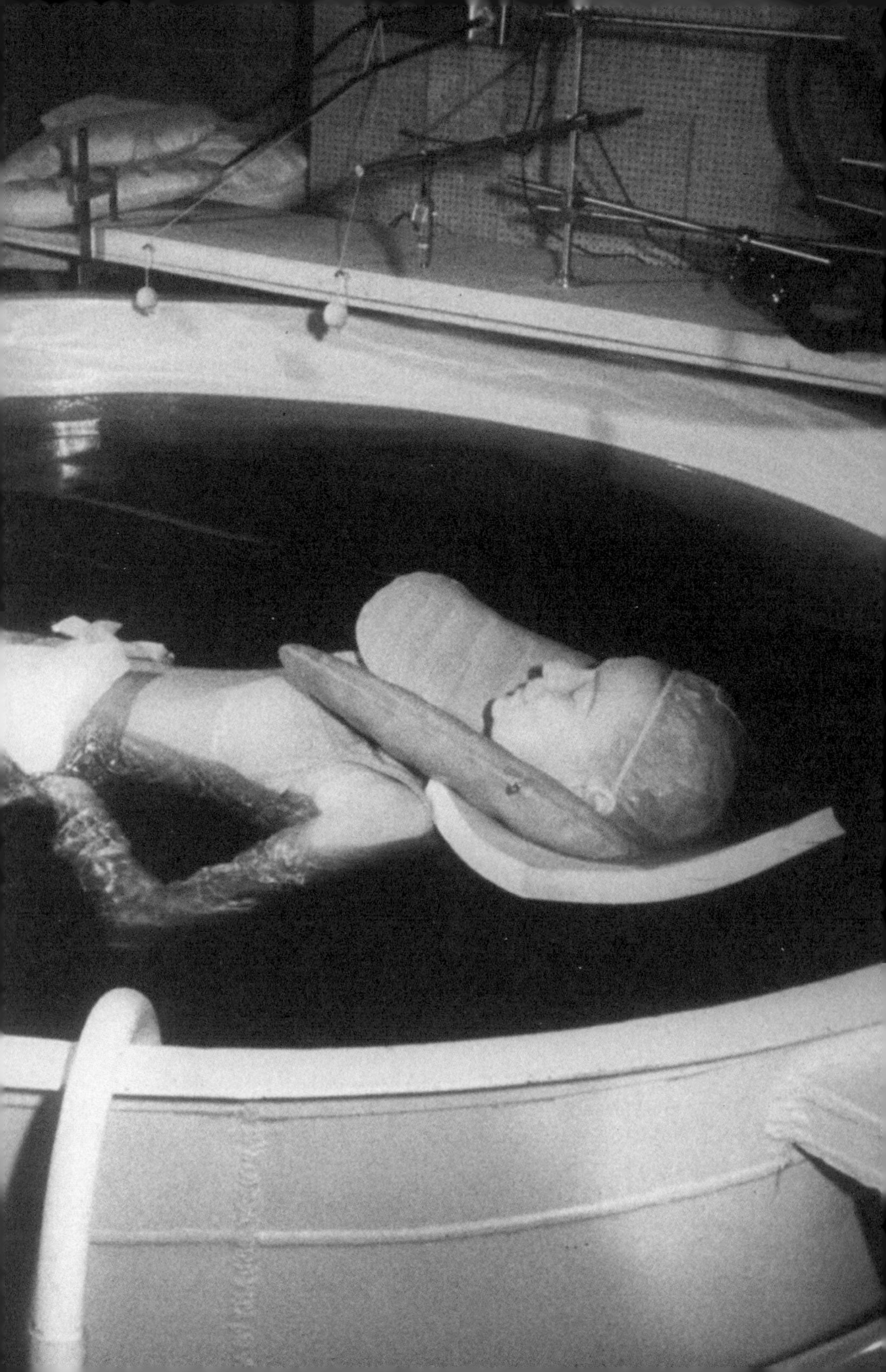

3 그다지 의미 없는 테스트

감각 상실 수조

여기 사진이 한 장 있다.

> 당신은 완벽한 궁극의 어둠, 칠흑 같은 암흑으로 둘러싸여 있다. 들리는 소리라고는 자신의 심장 박동, 그리고 들이쉬고 내쉬고, 다시 들이쉬고 내쉬는 숨소리뿐이다. 체온과 정확히 일치하도록 온도를 맞춘 물이 가득 차 있는 수조 안에 당신이 떠 있다. 당신의 몸은 어디에서 끝나고 물이 시작되는 경계는 어디일까?
> 일부 피험자는 공기 호스가 연결된 전면 마스크를 착용하고 호흡하기도 했다. 하지만 한 방울씩 스며들어 오는 물방울 때문에 산만해지기도 하고 공기 배관이 새는 경우도 있었다. 대신 당신은 몸이 물 위에 떠 있게끔 도와주는 발포 베개를 선택하고 목과 허리에 착용한다.
> 평화롭다. 고요하다. 사위가 깜깜하다.

감각 상실 수조 안에서 평화롭게 부유하고 있는 제리 코브. 이 수조는 우주 비행사들이 우주에서의 고립 상태에 얼마나 잘 대처하는지를 테스트하기 위해 설계되었다.

마음이 잔잔하게 일렁인다.

어젯밤에 저녁으로 무엇을 먹었더라?

그 농담이 뭐였더라?

이번 휴가는 어디로 가야 할까?

1, 2, 3, 4, 5, 6, 7, 8……999, 1000.

제일 재미있었던 영화를 10편만 꼽아 보자면……

당신은 싫증이 난다.

지나치게 조용하다.

당신은 손으로 수면을 때려 본다. 첨벙거림을 느낄 수 없다.

너무 어둡다.

너무 어두워서 눈이 적응하지 못한다. 기다려 본다. 저쪽에서 가느다란 한 줄기 빛이 비치는 것 아닌가? 기억을 더듬어 보니 빛이 새어 들어오는 저쪽에 문이 있었던 것 같다고 당신은 생각한다.

그게 정확하게 언제였더라?

한 시간 전인가? 두 시간? 아니면 여섯 시간 전?

저 문틈으로 빛이 새어 들고 있는 것이 맞나? 그게 아닌가? 그럴 리가 없다. 이 방에는 빛이 들어오지 않는다. 그럼에도 당신은 가느다란 빛을 보았다고 확신한다. 빛이 새어 들어와, 깜박이며, 당신의 뇌를 괴롭힌다.

당신은 그릴 위에서 익어 가는 햄버거 냄새를 맡는다. 그럴 리가 없다. 이 방의 벽은 두께가 20센티미터가 넘기에 어떤 냄새도 새어 들어올 수 없다.

환각인가? 생각이 여기에 미치자 당신의 호흡이 가빠진다. 그게 무엇이든, 소리를 듣고 싶어서 혼잣말을 뱉어 본다.

"여기에 들어온 지 얼마나 됐지?"

대답이 없다.

당황하지 말자. 혼잣말을 하더라도 아무도 대답하지 않을 거라고 그들이 앞서 일러 주지 않았던가.

긴장하지 말자.

이 방 안에 당신을 해할 수 있는 것이라고는 아무것도, 어느 누구도 없다는 사실을 잘 알지 않는가. 당신은 위험에 처하지 않았다. 당신은 자유의지로 이곳에 와 있다. 당신은 스스로 수조를 점검했다. 둥글고 깊지만 물로만 채워진 것을 직접 확인했다.

아무것도 없다.

"이제 나갈래요!"

방에 불이 켜지고 연구원 하나가 들어와 수조에서 당신이 나올 수 있도록 도와준다. 시간이 얼마나 지났느냐고 물으면 한번 맞혀 보라는 질문이 돌아올 것이다.

"여덟 시간쯤 되었을까요?"

고작 세 시간이었다.

이상은 제이 셜리Jay Shurley 박사가 고안한 감각 상실 수조에서 많은 사람들이 경험하게 되는 감정이다. 처음에는 물 위에 떠 있다는 느낌을 편안하게 받아들인다. 명상에 빠진다. 고요함을 즐긴다. 그러다가 절반 이상의 사람들이 존재하지 않는 것을 보거나, 듣거나, 냄새 맡는 환각을 경험하기 시작한다. 어떤 목소리가 말을 걸기도 하고, 반짝이는 빛이 보이기도 하고, 토스트가 타는 것 같은 매캐한 냄새를 맡기도 한다. 거대한 개구리를 봤다거나 먼바다를 여행하는 큰 배를 봤다거나, 심지어 자신을 내려다보는 거인을 봤다는 사람도 있었다. 노래를 부르는 사람도, 안 좋았던 어린 시절의 기억에 압도되어 울음을 터뜨리는 사람도 있었다. 자신을 괴롭혔던, 아니면 놀래거나 행복하게 해주었던, 슬프거나 화나게 만들었던 사람이나 순간 들에 대해서 쉴 새 없이 말하는 사람도 있었다. 구매해야 할 식료품 목록을 확인하는 사람도 있었다. 피험자들은 할 수 있는 모든 방법으로 시간을 보내고, 보낸 시간을 셈해 보았다.

우주에 홀로 있는 것은 인간이 경험할 수 있는 가장 까다로운 형태의 고립이므로, 우주 프로그램을 처음 시작할 당시부터 고립 테스트는 중요했다. 지구로부터 수천 킬로미터 떨어진 채 캡슐 안에 갇혀 지내야 하는 상태는 공황발작을 초래할 수 있다. 그런데 우주에서의 공황발작은 사무실 책상 앞에서 겪는 발작과는 결코 같을 수 없다. 그 과정에서 목숨을 잃을 수도 있고, 수백만 달러 상당의 장비를 훼손할 수도 있다. 그럼에도 '머큐리 세븐' 우주 비행사 중 어느 누구도 감각 상실 수조에서의 고립 테스트를 거치지 않았다. 비어 있는 방에서 훨씬 단순한 형태의 고립 테스트만 거쳤다.

한번은 어떤 기자가 제이 셜리 박사에게 수조에 직접 들어가 보고 경험담을 작성해 달라고 부탁한 적이 있었다. 처음 30분 동안 셜리 박사는 평온함을 유지했고 조용히 있었다. 하지만 다음 네 시간 동안 그는 입을 다물지 않았다. 웅얼거리거나 노래를 흥얼거렸다. 개 짖는 소리를 들었다. 갑자기 발작적인 웃음을 터뜨리기도 했다. 두려움에 지지 않으려고 휘파람도 불어 보았다. 있지도 않은 구리색 동전들을 보았다. 자신에게 말을 건다고 믿으며 보이지 않는 목소리와 대화를 나누는 모습이 마치 술에 취한 사람 같았다. 그는 당시의 경험에 대해 "그렇게까지 외로울 수 있으리라고는 상상하지 못했다"고 말했다. 마침내 셜리 박사는 진력났다고 말하며 수조에서 나왔다. "누구든 수조 안에 계속 있게 두면 정맥으로 영양분을 주입해 준다고 해도 오래지 않아 죽고 말 것입니다!"

1960년 9월

이제 제리 코브가 감각 상실 수조라는 난관을 경험할 차례가 되었다.

지난밤 제리 코브는 숙면을 취했다. 이제 혼자가 될 마음의 준비를 마쳤다는 기분이 들었다.

아래로, 아래로. 계단을 따라 지하로 내려갔다.

수조가 있는 방에 혼자 남게 되자, 제리 코브는 물속에 들어가 자리를 잡았다. 몸이 잘 뜨도록 염분을 약간 더한 물이었다. 물이 부드럽게 소용돌이치며 순환하기 때문에 따로 화장실에 갈 필요는 없었다.

"준비됐어요." 코브가 말했다.

제리 코브가 내뱉는 모든 말이 수면 바로 위에 매달린 마이크를 통해 옆방에서 관찰하고 있는 제이 셜리 박사의 조교 캐스린 월터스 Cathryn Walters에게 전달되었다.

방 안의 불이 꺼졌다.

얼마나 많은 사람들이 이 감각 상실 수조에서 무너졌는지 제리 코브는 익히 알고 있었다. 그렇게는 되지 말자고 스스로에게 다짐했다.

제리 코브는 조용했다.

제리 코브는 동요하지 않았다.

두 시간이 흘렀다.

"보고합니다. 아무 문제 없습니다."

네 시간이 흘렀다.

"되도록 움직이지 않는 편이 더 좋네요."

제리 코브는 혼잣말을 웅얼거리지도 물을 튕기지도 않았다.

모든 것이 멈춘 듯 평온하고 고요했다. 아무런 무게감이 느껴지지 않았다.

'우주에 있다면 이런 기분일까? 언젠가 직접 경험할 수 있을까?' 제리 코브는 생각했다.

여섯 시간 반이 흘렀다. 이제 제리 코브는 수조 안에서 그 누구보다 오래 머물렀다.

완고하기만 한 그녀의 평온함이 이내 무너지게 될까?

여덟 시간이 흘렀다.

"모든 것이 좋습니다……무척 평온해요."

한 줄기 가느다란 빛을 본 것 같기도 했지만 그럴 리가 없다고 생각했다. 그럼에도 자신이 보거나 느낀 것에 대해서 숨김없이 말했다.

"바닥으로 흐릿하게 빛이 비치는 것 같습니다. 아마도 문 쪽인 것 같아요."

사람들이 그녀에게 미리 일러 준 환각의 일종인가 보다 하고 제리 코브는 생각했다.

시간이 좀 더 흘렀다.

"모든 것이 원만하다고……매우 평온하게 진행되고 있다고 다시 한 번 보고합니다."

다시 시간이 흘러갔다.

마침내 제리 코브가 캐스린 월터스에게 말했다. "이 안에 더 머물 필요가 없다면 이제 수조를 나갈까 봐요."

허락이 떨어졌고, 마침내 코브는 수조에서 나왔다.

불이 켜지고, 캐스린 월터스는 공기 공급 장치가 연결된 벽에서 미세한 실금을 발견했다. 제리 코브가 본 빛은 환각이 아니었다.

훗날 제리 코브는 수조 안에서 자신의 마음이 이리저리 흔들렸다고 말했다.

그녀는 언니에 대해서, 어린 시절에 키웠던 '샤치'라는 작은 닥스훈트에 대해서 생각했다. 하지만 웅얼거리거나 하지 않고 속으로 삼켰다. 제리 코브는 모두의 기대치를 넘어서기를 바랐다.

그리고 그 바람을 실제로 이루었다.

몇 시쯤 된 것 같으냐는 질문을 받았을 때 제리 코브는 대답했다. "오후 2시나 2시 반쯤?"

저녁 7시였다. 제리 코브는 기존의 모든 기록을 갈아치웠다.

아홉 시간하고도 40분.

제이 셜리 박사는 이렇게 말했다. "그렇게 오랜 시간 고립 상태를 견딜 수 있는 사람은 아마도 천 명 중 한 명이 될까 말까 합니다……매우 놀라운 사례이지요."

'머큐리 세븐'과 제리 코브의 테스트

그렇다면, 이론상 1,000명의 사람이 고립 테스트에 참여한다고 가정할 때 남성과 여성의 성취도는 어떻게 차이 날까? 1950년대 후반 그리고 1960년대까지도, 남성은 어려운 상황에 맞닥뜨려도 침착하고 합리적으로 대처한다는 것이 일반적인 통념이었다. 흥분하거나 놀라지 않고 곤란한 상황에 대처하며 위험에 처한 아가씨를 구해 주는, 믿고 의지할 만한 존재였다. 텔레비전이나 책, 잡지, 만화에서는 삶에 정면으로 대응하는 남자다운 남성상들을 보여 주었다. 남성 호르몬이 두 배로 분출되는 것 같은 액션으로 가득한 서부영화 〈황야의 7인〉The Magnificent Seven 주제 음악이 소위 '말보로맨'★이 등장하는 TV 담배 광고의 대미를 장식했다. 영화 속에서 강인하면서도 믿을 만한, 말투는 부드럽지만 거친 카우보이나 군인 역할을 도맡았던 할리우드 스타 존 웨인John Wayne은 마초macho의 전형이라 여겨졌다.

그렇다면 여성상은 어땠을까? 1950년대 후반부터 1960년대 초반에 제작된 드라마를 본 적이 있는가? 〈딕 반 다이크 쇼〉The Dick Van Dyke Show에 등장하는 롭 페트리Rob Petrie의 예쁘고 영리한(하지만 '지나치게' 영리한 법은 결코 없는) 아내 로라 페트리Laura Petrie는 스트레스를 받는 순간이 오면 언제나 "오, 로오오오오옵" 하며 앓는 소리로 남편을 부른다. 문제가 발생했을 때 스스로 해결 방법을 찾을 수 없기 때문이다. 〈비버는 해결사〉Leave It to

★ 말보로 담배 광고 속에서 미국 서부의 광활한 협곡이나 산을 배경으로 담배를 피우며 등장하는 카우보이 복장의 남자.

당시의 텔레비전 드라마는 여성을 굳센 인물로 그리지 않았다.

위: 〈나는 루시를 사랑해〉에서 사랑스러운 실수투성이 루시 리카르도를 연기한 루실 볼(Lucille Ball).

가운데: 〈딕 반 다이크 쇼〉에서 롭 페트리는 항상 아내 로라 페트리를 궁지에서 벗어나게 도와주는 해결사다.

아래: 〈아버지가 가장 잘 알고 있다〉는 1950년대의 전형적인 가족 구성원이 담당한 고전적인 역할을 보여 주었다.

Beaver에 등장하는 '비브'Beave의 엄마 준 클레버June Cleaver는 남편의 뜻에 이의를 제기하는 법이 없고 언제나 남편에게 최선의 결정을 미룬다. 당시의 또 다른 인기 드라마 〈아버지가 가장 잘 알고 있다〉Father Knows Best에 나오는 어머니처럼 말이다. 제목이 모든 것을 말해 준다.

〈나는 루시를 사랑해〉에서 능수능란한 리키 리카르도Ricky Ricardo와 결혼한 루시 리카르도Lucy Ricardo는 '얼굴만 예쁜 푼수'의 전형이었다. 루시는 (사랑스럽고 유쾌하기는 하지만) 늘 문제를 일으키고 상황을 걷잡을 수 없이 악화시키는 반면, 리키는 어렵사리 문제를 해결한다. 상업 광고는 어떤 주방 세제를 사용해야 손이 가장 덜 상하는지, 어떤 커피메이커를 쓰면 완벽한 커피 한 잔을 만들 수 있는지 등과 같은 주제에 통달한 권위자로서 여성을 묘사했다.

이처럼 당시의 대중매체는 여성보다 능력 있고 스트레스 관리에 능한 남성상을 강력히 내세우고 있었지만, 제이 셜리 박사와 캐스린 월터스의 테스트 결과는 이런 통념과는 전혀 다른 사실을 보여 주고 있었다. 두 사람은 엄정한 사실에 근거해 남성과 여성에 관한 기성의 이미지에 도전하고자 원했다. 이를 위해서는 제리 코브의 감각 상실 수조 테스트 결과와 (사실 제이 셜리 자신은 충분히 의미 있는 테스트라고 생각하지 않았던) '머큐리 세븐' 남성 비행사들의 고립 테스트 결과를 비교하는 것이 한 가지 방법이었다.

'머큐리 세븐' 우주 비행사들이 받은 테스트는 책상과 의자, 종이와 펜이 갖추어진 어두운 방 안에 두세 시간 정도 머무는 것이 고작이었다. 이런 조건에서 시간을 보내는 게 무슨 대수일까? 존 글렌의 경우 불 꺼진 방을 더듬더듬 살피다가 책상과 종이를 발견하고는 자신의 생각을 끼적이며 시간을 보냈다. 제이 셜리 박사는 '머큐리 세븐'의 테스트를 도운 적이 있는데, 그 결과지를 받아 보고는 맨 위에 "그다지 의미 없는 테스트!"라고 메모했다. 우주에서의 조건과 비슷한 무중력 상태가 아니었다. 게다가 남성 후보들에게는 시간을 보내는 데 도움이 될 필기구가 제공되었다.

제리 코브가 수조 테스트를 마친 지 한참 뒤에 나온 연구 결과를 보면, 여성과 달리 남성들의 경우 스트레스에 대처하려면 외부 자극(이 경우에는 펜과 종이)이 필요하다고 한다. 다시 말해 여성 우주 비행사가 우주에서 겪게 될 스트레스에 보다 잘 대처할 수 있다는 뜻이다. 하지만 당시에는, 제리 코브의 테스트 결과를 남성과 여성의 능력에 관한 일반적인 선입견을 반박할 증거로서 바라보려는 사람이 과학자들 중에도 거의 없었다. 최근에 들어서야 해묵은 믿음에 의문을 제기하는 객관적인 테스트가 실시되었다. 1961년 나사 소속의 의사들은 남성들을 대상으로 진행했던 테스트에 한계가 있었음을 인정했지만 그러면서도 어떤 우주 비행사든 우주에서 동요할 수 있다고 말할 정도의 근거는 된다고 덧붙였다.

사실 제리 코브의 테스트 결과는 그녀가 쉽게 동요하지 않는 사람이라는 것을 보여 주는 동시에 우주에서 보다 월등할 수 있다는 가능성을 시사하는 것이었다. 제리 코브가 감각 상실 수조 안에서 증명한 바와 비교하자면 '머큐리 세븐'의 고립 테스트는 식은 죽 먹기에 가까웠다. 제이 셜리 박사는 자신의 경험에 비추어 감각 상실 수조 안에서의 15분은 남성들이 사용했던 고립 방에서의 이틀에 버금간다고 추산했다. 그의 판단에 따르면 심리 상태에 관한 한 제리 코브야말로 우주 환경에 최적이었다.

게다가 제이 셜리 박사와 캐스린 월터스는 감각 상실 수조 테스트만으로 제리 코브의 심리를 검사한 것이 아니다.

수조에 입수하기 전 제리 코브는 심층적인 심리 검사를 거쳤다. 아이큐 테스트, 불안감 테스트, 그리고 로르샤흐 테스트Rorschach test★와 함께 피험자의 성격을 분석하고 정신질환을 걸러 내고자 고안된 다면적 인성 검사 Minnesota Multiphasic Personality Inventory, MMPI를 동

★ 잉크 얼룩에서 떠올린 이미지로 욕망과 인격, 정신 상태 등을 파악하는 검사법.

시에 받았다.

> 나는《메카닉스 먼슬리》를 즐겨 읽는다. 예( ) 아니요( )
>
> 나는 20명 이상 참석하는 파티를 주최한 적이 있다. 예( ) 아니요( )
>
> 수영을 하면 마음이 편안해진다. 예( ) 아니요( )

다면적 인성 검사만 해도 558개의 추가 문항으로 구성된다.

제리 코브의 대답은 분석의 대상이 되었다.

질문지 이곳저곳에는 잉크 얼룩이 있었다. 제리 코브는 "무엇을 보았습니까?"라는 질문을 받았다.

그녀의 대답은 다시 분석의 대상이 되었다.

제리 코브는 다음과 같이 비어 있는 문장을 완성해야 했다.

> 나는 ______________ 때문에 독서를 좋아합니다.
>
> 사람들은 ______________ 하려고 춤을 춥니다.
>
> 어머니는 ______________ 할 때 슬픕니다.

그녀의 대답은 분석의 대상이 되었다.

제리 코브는 어린 시절에 관한 질문을 받았다. 십대 시절에 관한 질문도 받았다. 자기 일에 대해서 어떻게 생각하는지 질문받았다.

그녀의 대답은 다시 분석의 대상이 되었다.

제리 코브의 머리에 전극을 부착하고 깨어 있는 동안의 두뇌 활동을 측정했다. 그리고 잠자는 동안의 두뇌 활동도 측정했다.

5분 동안 쉬지 않고 자기 자신에 대해서 이야기하라는 요청을 받았다.

그리고 그런 제리 코브에게는 아무것도 주어지지 않았다.

30시간 뒤 제리 코브는 2단계 검사 결과를 받아 보았다. 그녀는 이번에도 월등했다. '적합한 자질'을 가졌음을 증명했다.

MASTIF의 전체 모습.

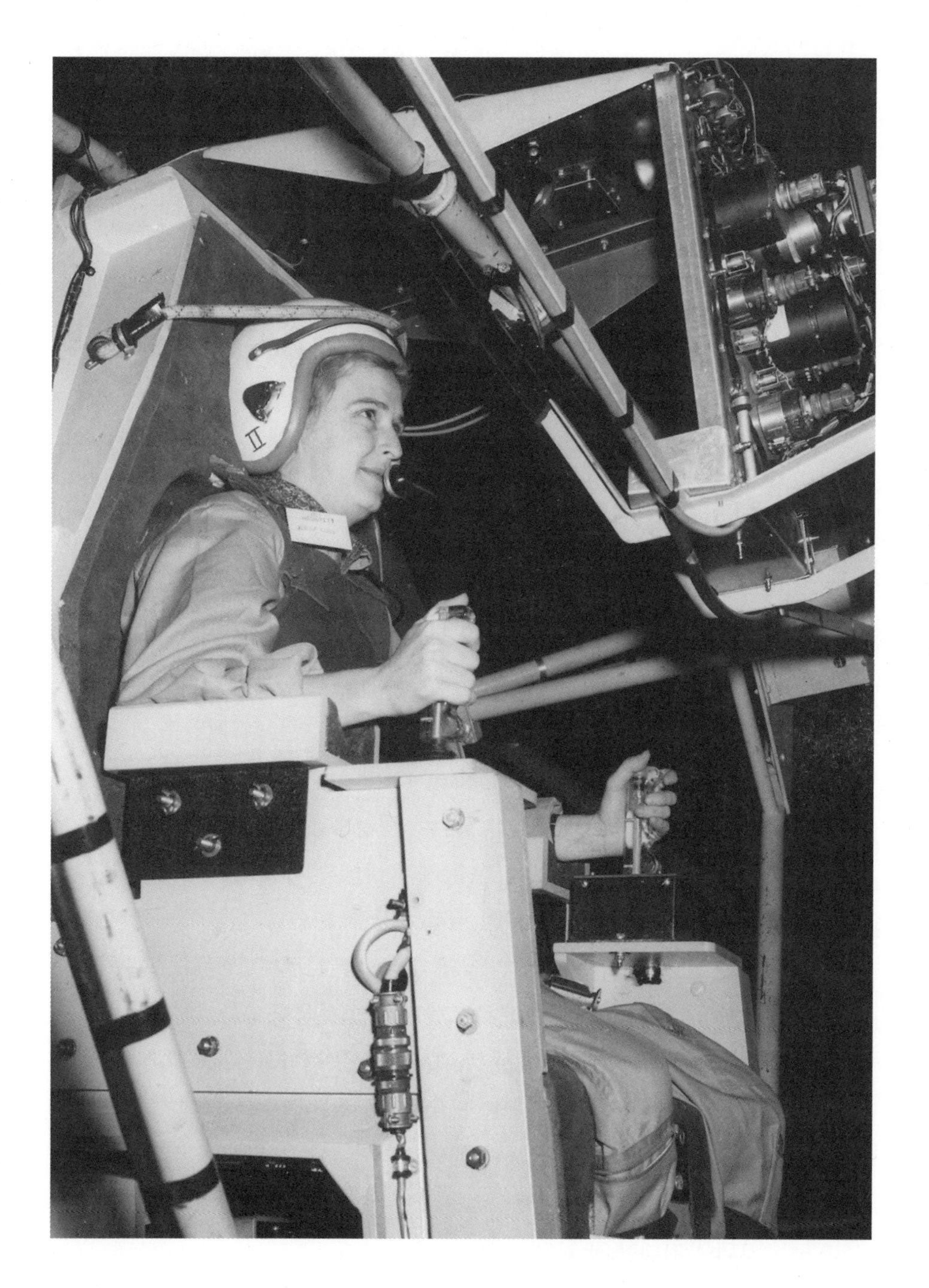

MASTIF를 조종하는 제리 코브.

그리고 다시 한번, 심리 상태를 묻는 질문을 회피하거나 점차 불쾌감을 드러냈던 '머큐리 세븐' 남성 비행사들과 비교하여 제리 코브의 태도는 보다 인상적이었다는 사실을 지적하지 않을 수 없다. 남성 비행사들은 질문에 대답하기를 꺼렸고 거부 의사를 직접 말로 표현하기까지 했다. 반면에 제리 코브는 단 한 번도 불평하지 않았다.

제리 코브는 몇 가지 테스트만 받고 그칠 뜻이 없었다. 남성 후보들이 겪어 낸 모든 것을 경험하고 싶었다. 그래서 MASTIF를 이용해도 좋을지 나사에 허락을 구했다. 이번에는 행운이 따랐고, 승낙을 받았다.

MASTIF

MASTIF Multiple-Axis Space Test Inertia Facility, 다시 말해 다중축우주관성 검사 시설은 세 개의 알루미늄 케이지가 서로 얽혀 있는, 집채만큼 거대한 자이로스코프를 말한다. 이 장치는 피험자를 순식간에 들어 올렸다가 내렸다가, 좌우로 기울였다가 급기야 빙글빙글 회전시키도록 고안되었다. 이런 방식으로, 조종사는 문제가 발생해 통제 불가능해진 우주선 안에서 어떤 일이 일어날지 직접 체험할 수 있다. 더불어 과학자들은 조종사들이 돌발 사태에 어떻게 대응하는지, 얼마나 빨리 조종간을 조작하여 기계장치를 수평으로 되돌릴 수 있는지 확인할 수 있다.

'머큐리 세븐' 우주 비행사 중 하나인 앨런 셰퍼드는 MASTIF에 처음 올랐을 때 "얼굴이 새파랗게 질려서 소위 '겁쟁이 스위치'로 불리던 빨간색 비상 스위치를 눌렀다"고 한다.

제리 코브는 겁쟁이가 아니었다.

그녀는 거대한 금속 장치 위로 올라갔다.

안쪽 케이지 속에서 실물 크기의 우주캡슐 좌석이 그녀를 기다리고 있었다. 과학자들이 안전 장비를 점검했다. 좌석 벨트, 헬멧, 가슴 벨트, 다리 고정 장치.

지금까지 여러분이 타 본 온갖 종류의 롤러코스터를 상상해 보자. 이제, 속이 뒤집히는 듯했던 그 모든 순간들을 일시에 경험한다고 상상해 보자. MASTIF는 제리 코브를 태운 채 돌리고 뒤집고 낚아 올릴 참이었다. 그녀가 얼마나 신속하게 이 야수 같은 기계장치를 길들이는지 확인할 때가 되었다.

조종간은 부드럽게 다루어야 한다. 지나치게, 또는 부족하게 움직인다면 상황은 더 악화되고 완전히 통제 불능 상태가 될 것이다.

"준비되었나요?" 과학자들이 물었다.

"네."

MASTIF가 움직이기 시작했다. 처음에는 케이지 하나가, 그러다 두 개가 동시에 움직였고, 그다음에는 세 개가 모두 한꺼번에 움직였다. 제리 코브는 이내 "팽이처럼 빙빙 도는 동시에 공중제비를 돌고 있었다." 시야는 어느새 "어지럽게 흐려지고 있었다."

제리 코브는 구역감을 애써 눌렀다. 초점을 맞추려 집중했다.

조종간을 놓치지 않았다.

하나씩 차근차근 각각의 회전축을 조종했다.

제리 코브는 그렇게 MASTIF를 길들이는 데 성공했다. 머큐리에 걸맞게.

U.S. AIR FORCE
FA 637

4 우리 엄마는 달에 갈 거야!

파티 초대장

잡지나 신문에 실린 제리 코브의 이야기를 유심히 살펴본 여성들이 있었다.

"제가 스물한 살 때 《라이프》지에 실린 제리 코브에 관한 기사를 읽었습니다. 우주 비행사가 되기 위해 훈련 중이라는 이야기였지요. '우아, 나도 도전해 봐야겠다'라고 생각했습니다." 월리 펑크는 곧장 자리에 앉아 러브레이스 박사 앞으로 편지를 썼다. 덕분에 파티에 참석해 달라는 초대장을 받았다. 자격은 충분했다. 월리 펑크는 이미 3,000시간 이상을 비행한 베테랑 조종사로서 비행 교관으로 일하고 있었다.

머틀 "케이" 케이글Myrtle "K" Cagle도 이와 비슷한 경로로 러브레이스 박사의 프로그램에 대해서 알게 되었다. "일요판 신문에서 모집 기사를 보고 편지를 썼습니다." 머틀 케이 케이글 역시 자격을 갖춘 후보였다. 마찬가지로 비행 교관으로 일하고 있었던 케이글의 비행 기록은 4,300시간이었다.

1957년, 진 힉슨(Jean Hixon)은 여성으로서는 네 번째로 음속 장벽을 깼다.

위: 매리언과 재닛 디트리히 쌍둥이 자매는 십대 시절부터 비행기 조종법을 함께 익혔다.

아래: 13명의 여성 중 가장 나이가 어렸던 월리 펑크는 러브레이스 프로그램에 자원했을 때 고작 스물한 살이었다.

러브레이스 박사의 프로그램에 지원해 보라는 연락을 받았을 때 머틀 케이 케이글은 갓 결혼한 상황이었다.

여성 비행사들의 세계는 그리 넓지 않았기에 러브레이스 박사가 우주 비행사 테스트 대상자를 모집한다는 소문은 신문이나 방송만큼 금세 퍼져 나갔다.

놀라운 기록을 가진 또 한 명의 여성 비행 교관인 진 노라 스텀보는 비행 경주에 참가했다가 월리 펑크로부터 러브레이스 박사의 프로그램에 관한 이야기를 들었다. "그래서 러브레이스 박사한테 편지를 썼지요. 그냥 단순하게, 어떻게 이런 프로그램을 나도 모르게 진행할 수 있느냐고 썼어요." 하지만 스텀보는 상황을 확대 해석하지 않았다. "우리가 우주 비행사 좌석 하나를 얻기 위해 경쟁하고 있다거나 하는 말은 들어 본 적이 없었습니다. 단지 우주 비행사들이 받은 신체검사와 동일한 테스트를 받는 것으로만 알았어요. 그뿐이에요."

애초 계획 단계에서부터 러브레이스 박사는 출중한 여성 조종사 명단을 수집하고 있었다. 이들에게 제리 코브가 이수한 것과 똑같은 테스트를 받을 후보가 되라고 초청하는 편지를 보냈다.

매리언 디트리히Marion Dietrich는 다음과 같이 쓰인 편지를 받았다.

> 여성 우주 비행사 후보를 선발하기 위한 첫 번째 테스트에 지원하시겠습니까?

"저는 비틀거리며 의자 쪽으로 다가가 쓰러지듯 주저앉고 말았습니다." 매리언 디트리히는 훗날 《매컬스》McCall's라는 여성 잡지와의 인터뷰에서 이렇게 말했다. "믿기지 않아서 편지의 첫 문장을 다시 읽었어요. 이어 '검사 소요 기간은 일주일이며, 순전히 자유의사로 진행합니다. 1단계 검사를 받는다고 해도 귀하가 원치 않는다면 '우주로 간 여성' 프로그램의 후속 과정에 참여할 의무는 발생하지 않습니다'라고 쓰여 있었습니다."

발신인란에는 '러브레이스 재단 이사장, W. 랜돌프 러브레이스 II 박사'라는 이름과 서명이 기재되어 있었다.

매리언 디트리히의 쌍둥이 자매인 재닛Janet도 이와 비슷한 내용의 편지를 받았다. 자매가 모두 노련한 조종사였다. 재닛 디트리히는 조종사 겸 교관으로 일했고, 매리언 디트리히는 기회가 될 때마다 조종사를 겸하는 기자였다.

여성 예비 우주 비행사들

제리 코브가 통과했던 어려운 과제에 도전할 의지와 능력을 동시에 갖춘 여성은 모두 18명이었다.(전체 명단은 189쪽 참조.)

이 여성들이 첫 번째 테스트를 시작할 시간이 되었다.

제리 코브처럼 이들 역시 비행을 향한 열정을 품고 있었다. 아울러 모두가 능력 있는 전문 조종사들이었고, 저마다의 방식으로 비행하는 삶을 살고 있었다.

남성이 압도적으로 많은 분야이므로 이만해도 작지 않은 성취였다. 모두가 자신의 자리를 지키기 위해 열심히 일했다.(요령이나 수완을 발휘해야 했던 여성들도 있었다.) 일부는 비행기로 화물을 운송했다. 일부는 민간 항공 분야의 최고 등급인 항공사운항조종사Air Transport Pilot, ATP 등급을 가지고 있었는데, 여성 조종사로서는 매우 희귀한 사례였다. 사실 1960년 당시 미국에서는 총 3,246명의 여성 비행사가 활동하고 있었지만 그중 항공사운항조종사 등급을 취득한 여성은 고작 21명뿐이었다. 아이린 레버튼은 4개 주에서 농약 살포용 경비행기crop duster를 조종하는 미국 내의 몇 안 되는 농업 비행사 중 한 사람이었다.

매우 드물지만 일부 여성은 항공기 정비 면허를 가지고 있었다. 항공기 시험비행 조종사도 있었다. 에어 택시air taxi★ 조종사로 일하거나 조종법을 교습하거나 또는 두 가지 일을 겸업하기도 했다. 버니스 비스테드먼은 자신이 직접 비행학교를 운영하고 있었다.

모든 여성들이 차별과 편견을 모르지 않았고 동시에 그것을 피해 일하는 요령을 익혔다. 그런 와중에 '여류 비행사'라는 생경한 여성상에 적응하는 사람들도 분명 있었다. 레아 헐은 가욋일로 사냥꾼이나 낚시꾼을 숲 속으로 태워다 주기도 했다. "처음에는 승객들이 불안해하는 것 같기도 했어요. 하지만 비행을 마친 후에는 달라졌지요. 일단 비행을 하고 나면 대부분은 제게 전용 조종사가 되어 달라고 했어요."

운이 나쁜 여성들도 있었다. 여성 조종사들을 향한 부당한 편견에 맞서 싸워 보려다 오히려 일할 기회를 잃고 마는 경우도 있었다. 한편, 스스로 기대를 낮추는 법을 배우기도 했다. 좀 더 작은 비행기를 조종하거나 비행 횟수가 적은 일자리를 수락하거나 그것도

★ 전세로 승객 및 화물을 나르는 비행기.

아니면 여객 운송 자격을 갖추었음에도 화물 운송으로 만족하는 여성들도 있었다.

하나같이 '숙녀'처럼 보이는 법을 익혀야 했다. 여성스러우면서도 맵시 있고 세련된 옷차림과 치장이 필요했다.

여성이란 모름지기 퇴근하는 남편을 기다리며 오후 6시에 맞추어 식탁 위에 저녁 식사를 차려 내야 하는 사회에서, 직업을 갖고 스스로 밥벌이하겠다고 나서는 배짱을 가진 것만으로도 '나쁜' 여자가 되기에 충분했다. 항공 분야처럼 숙녀와는 동떨어진 세계에서는 더욱더 나빴다. 상황이 이러하니 조종석을 오르내릴 때 스커트를 입지 않는다거나 코에 분칠을 하지 않고 립스틱을 덧바르지 않으면 동료 남성 비행사들로부터 야유와 조롱을 사기 십상이었다.

여기에 더해, 항공 분야에서 일하려면 반드시 지켜야 하는 불문율이 하나 더 있었다. 여성의 권리에 대한 자신의 생각을 절대 드러내지 말 것. 비행기 조종사 일자리를 찾는 희한한 여성으로 사는 것만으로도 삶은 충분히 고달팠다. 하물며 남성과 동등한 기회를 요구하는 여성으로 비치기라도 한다면 말썽꾼으로 낙인찍히고 기회는 영원히 사라진다.

'우주로 간 여성' 프로그램 테스트에 참여했던 아이린 레버튼은 당시의 이러한 상황을 잘 기억하고 있었다. "진정한 페미니스트로군, 하는 말이 나오기만 해도 더 이상 아무데서도 일자리를 구할 수 없었습니다. 그러니 최선을 다해서 납작 엎드려 조용히 살 수밖에요. 그러다 상황이 너무 안 좋아진다면 그땐 한번 꽥 지르고 그만두는 거지요. 하지만 공개적으로 큰 소동을 일으키는 것은 절대 금물입니다. 일을 구하지 못해 굶어 죽고 말 거예요."

여성 전용

하늘을 나는 꿈을 공유했던 13명의 멋진 여성들은 이제 우주 비행이라는 새로운 꿈을 함께 꾸기 시작했다.

여성 조종사들은 1961년 1월부터 8월 사이에 테스트를 받았다. 첫 번째 관문은 우중충하고 꾀죄죄하여 "생쥐 꼴"로 묘사되고는 했던 러브레이스 클리닉 맞은편의 '버드오브파라다이스Bird of Paradise 모텔'이었다. 테스트를 받을 여성들은 혼자 또는 둘이 짝을 지어 이곳에 도착했다. "아침 5시 반이나 6시에 일어나……하루 종일 달릴" 준비가 되어 있어야 했다. 흔치 않은 기회를 위해 남편, 아이들, 일자리와 같은 일상 속의 모든 중요한 책임을 한쪽으로 미뤄 두었다. 짬을 내어 자기 한 몸 빠져나오기가 결코 쉬운 일은 아니었다. 그들은 모두 일하는 여성이자 어머니, 아내였다.

세라 거렐릭의 경우 테스트 하루 전날 러브레이스 박사로부터 클리닉을 방문해 달라는 전화 연락을 받았다. 그녀는 캔자스시티에서 엔지니어로 일하고 있었지만 어렵사리 시간을 내어 러브레이스 클리닉을 방문했다.

제인 하트 역시 해야 할 많은 일들을 중단해야 했는데, 그중 하나는 '여성 전용'FOR WOMEN ONLY이라고 써 놓은 자신의 전용 비행기를 이용해서 케네디 대통령의 어머니인 로즈 케네디Rose Kennedy의 이동을 돕는 일이었다. 테스트에 참여하라는 연락을 받은 제인 하트는 신속하게 식품점으로 날아갔고 카트 세 개를 각종 식료품으로 꽉꽉 채워 쇼핑했다. 자신이 집을 비운 사이에 여덟 아이들이 먹을 음식을 냉장고 안에 충분히 쟁여야 했기 때문이다.

제리 슬론은 러브레이스 박사로부터 받은 편지를 아홉 살 난 아들에게 읽어 주었다. "여성 우주 비행사 후보를 선발하기 위한 첫 번째 테스트에 지원하……"까지 읽었을 때 아이는 끝까지 참고 듣지 못했

어린 아들을 맞이하는 제리 슬론.

다. 제리 슬론의 아들은 현관 밖으로 달려 나가며 목청껏 외쳤다. "우리 엄마는 달에 갈 거야!"

필요한 도움을 곧바로 얻은 여성들도 없지는 않았다. WASP의 전 대표이자 학교 교사로 일했던 진 힉슨은 바로 앨버커키로 출발할 수 있었고 별다른 문제는 없었다. 하지만 휴가를 얻기 위해 상사를 설득해야 했던 여성들도 있었다. 그렇게 어렵사리 짬을 내어 떠나 있는 동안 아예 일자리를 잃게 될 위험을 감수하기도 했다.

한편, '자연스럽지 않은' 역할을 애써 떠맡는다는 비난에 직면했던 여성들도 있었다. 색안경을 끼고 보는 사람들은 자녀나 남편을 향한 그들의 헌신에 의문을 제기하기도 했다. 일례로 미 상원의원이기도 했던 제인 하트의 남편은 선거구민들로부터 편지를 한 보따리 받았는데, 그의 아내가 세상 만물 위를 날아다니는 것은 부끄러운 일이며 남편이 보다 강력하게 아내를 통제해야 한다고 훈계하는 내용이었다.

하이힐을 신고 뒷걸음으로

다른 사람들의 생각은 중요하지 않았다. 이 여성들은 자신의 생각, 자신의 열정, 자신의 꿈을 이미 잘 알고 있었다.

이들이 앨버커키에 나타났을 때에는 무엇이든 준비되어 있었다. 녹초가 되도록 달리고, 원을 그리며 돌고, 자신이 다다를 수 있는 한계치까지 시험해 볼 각오를 다진 뒤였다. 스스로 얼마나 영리하고 얼마나 강한지, 그리고 얼마나 용감한지를 보여 줄 준비가 되었다. 이들은 이미 알고 있는 바를, 다시 말해 남성들만의 무대에 이제는 여성들이 나설 때임을, 여성도 우주 비행사가 될 만한 능력과 자질을 갖추었음을 보여 주기로 굳게 마음먹었다.

감수해야 할 위험이 어디까지인지 충분히 잘 알고 있었다. 진 노라 스텀보는 훗날 이렇게 말했다. "우리가 다른 모두의 운명까지 어깨 위에 짊어지고 있었지요."

버드오브파라다이스 모텔의 관리인은 체크인하는 여성들에게 겁을 주려고 해 보았다. 그는 매리언 디트리히에게 불길하게도 다음과 같이 말했다. "당신은 이제 큰일 났구려. 꽤 힘들거든. 맙소사, 오늘은 아가씨들이 그만두려는 것 같더라고. 하지만 내가 잘 말해서 더 머물러 보라고 했소. 지난주에도 아가씨들에게 같은 말을 했지."

매리언 디트리히의 경우에는 먼저 테스트를 받은 쌍둥이 재닛이 편지로 약간의 요령을 알려 주었기에 어느 정도 각오하고 있었다. "체중이 약간 줄어들 거야. 하루에 한두 끼를 놓칠 수도 있거든……뇌전도 검사를 위해서 과학자들이 네 머리를 진흙 범벅으로 만든 날에는 컬러 사진이 찍히지 않도록 해." 재닛 디트리히가 매리언에게 일러 준

버니스 비 스테드먼(왼쪽)과 제인 하트.

"성자와 같은 절제와 불굴의 투지가 모두 필요해"라는 언질은 테스트를 받는 모든 여성들이 당면했던 어려운 도전의 핵심을 짚고 있었다.

고르고 고른 '머큐리 세븐'과 같은 최고 기량의 남성들과 겨루어 이들 못지않음을 입증하고 싶은 여성이라면 단순히 그들만큼 또는 그 이상 강하다는 것을 보여 주는 것으로는 충분하지 않았다. 이 모든 과정에서 미소를 잊지 않아야 하며, 공손하고 매사에 협조적인 숙녀라는 역할에서 한 치도 벗어나지 않아야 했다. 한 시대를 풍미한 무용수이자 영화배우로도 활동한 진저 로저스Ginger Rogers는 파트너인 프레드 아스테어Fred Astaire만큼 훌륭한 재능을 가졌으되, 그 재능을 하이힐 위에서 뒤로 걸으면서 보여 주어야 했다고 누군가 말했다. 사실 제리 코브와 그 뒤를 따랐던 다른 여성들 역시 '머큐리 세븐'이 이룬 것과 똑같은 수준을 달성하도록 요구받았다. 단, 하이힐을 신고 뒷걸음으로.

진 노라 스텀보와 제인 하트는 버드오브파라다이스 모텔에서 처음 만났다. 제인 하트는 유머 감각이 뛰어난 여성이었고, 이런 성격은 두 사람 모두에게 도움이 되었다. 한번은 제인 하트가 접시 위에 먹다 남은 뼈만 있는 사진을 가리키며 진 노라 스텀보에게 이렇게 말했다. "이것 좀 봐, 진 노라. 지금은 우리가 멀쩡하지만 이 모든 일을 끝내고 나면 **이렇게** 될 거야."

제리 슬론과 버니스 비 스테드먼 역시 버드오브파라다이스 모텔에서 처음 만났다. 두 여성은 하루하루 지독한 테스트 과정을 각자 견디고 있었다. 하지만 밤이 되면 모텔 뒤쪽의 베란다에서 만나 "러브레이스 칵테일 타임"을 가지며 서로가 기록해 둔 메모를 비교했다. 어느 날 저녁에는 번거롭지만 매일 진행해야 했던 관장을 그들과 똑같이 행했을 '머큐리 세븐' 영웅들을 상상하며 한바탕 웃음을 터뜨리기도 했다.

검사는 하루 종일 계속되었다. 안과 검사의 경우 네 시간 이상 소요되기도 했다. 통증 감내 테스트도 받았는데, 한 손을 얼음물에 수분 동안 담근 상태에서 혈압을 측정하고, 다시 손을 바꾸어 반복하는 테스트도 있었다. 마치 "수백만 개의 바늘이 팔과 손을 찌르는 것 같은" 통증을 느꼈다고 버니스 비 스테드먼이 말했다.

실내 자전거를 타야 하는 테스트도 있었다. '자전거 타기가 별것인가?'라고 생각할 수도 있다. 어린아이라도 탈 수 있으니까. 다만, 아침부터 여러 테스트를 거치느라 녹초가 된 다음이라는 것이 문제였다. 그것도 아침을 거르고 점심은 간단하게 요기한 후였다. 그게 아니라면 공기 관에 연결된 플라스틱 마우스피스를 얼굴에 바짝 붙여 문 채 자전거를 타야 했다. 모니터 여러 개가 이 장치와 연결되어 있어서 흰색 가운을 입은 연구원들은 그들의 심박 수, 혈압, 체력 등을 체크했다. 그 와중에 **틱, 틱, 틱** 규칙적으로 왔다 갔다 하는 메트로놈처럼 속도까지 일정하게 유지해야 했다. 경사가 가팔라지더라도 박자를 놓치거나 속도가 느려지지 않도록 주의했다. 과학자들이 만족해서, 이제 그만하라고 말하기 전까지 체력이 떨어진다는 징후를 보이면 안 되기 때문

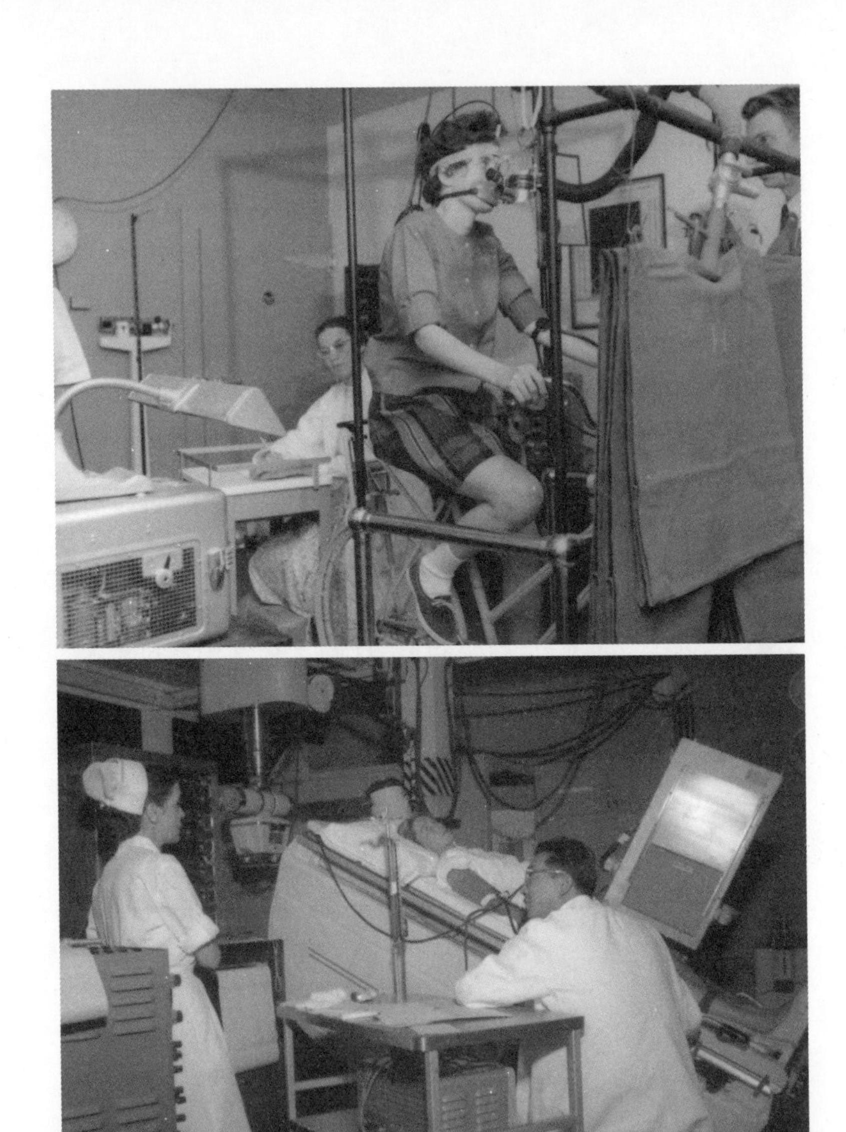

러브레이스 클리닉에서 (위) 자전거 테스트를 받는 진 노라 스텀보와 (아래) 기립 경사대 위에 누워 검사받는 제인 하트.

이었다.

다른 테스트를 실시할 때는 여러 장치를 주렁주렁 매달기도 했다. 혈액 검사에 체액 검사까지 마쳤다. 관을 삽입했다가 뺐다가, 위로 넣었다가 아래로 넣었다가 돌려서 넣었다가를 반복했다. 엑스선 사진을 촬영했다. 검사 중에 통증을 느껴도 티를 내는 사람이 없었다.

이 여성들은 결코 얼굴을 찡그리지 않았다. 이를 악물고 고통을 참으면서도 미소를 머금었다. 그들 중 어느 누구도 불평하지 않았다.

"우리는 연구원들이 이제 멈추라고 할 때까지 계속했습니다. 심지어 그들이 우리를 아프게 할 때도 '아얏' 소리조차 내지 않았어요. 아, 지금 와서 하는 말이지만 정말 아팠어요." 훗날 제리 슬론 트루힐은 당시를 이렇게 회상했다. 그들의 마음가짐은 굳건했다. "우주 비행사를 찾으시나요, 바로 여기 있습니다" 하는 태도가 모든 것을 말해 주었다.

괴물 속으로

어떤 테스트가 주어지는지는 그들에게 중요하지 않았다. 그들은 강했다. 무엇이든 완수할 마음의 준비가 되어 있었다. 심지어 미지의 장소로 비행하는 것까지.

한번 상상해 보자.

> 당신은 이제 막 개인 비행기의 트랩을 걸어 내려오고 있다. 도착한 곳이 정확하게 어디인지 알 수 없다. 일급비밀에 속하는 로스앨러모스의 모처라고만 알고 있다.
>
> 이착륙 허가증을 확인받고 통과한다. 따라오라는 명령을 듣는다. 따라

간다. 엘리베이터에 오르면 아래로, 아래로, 아래로 계속해서 내려간다. 지하 깊은 곳에 도달해 어두컴컴한 복도를 따라 걸어간다. 마침내 차례차례 줄지은 여러 개의 문 앞에 선다. 하나같이 크고 육중한 문이다. 열고 들어간다. 당신의 등 뒤에서 둔탁한 소리를 내며 문이 닫힌다. 눈앞에는 마치 무덤처럼 생긴 무엇인가가 있다. 탱크로리만큼 크고 길며, 둥근 술통처럼 생겼다. 방 전체를 차지하고 있다.

이 거대한 괴물의 몸속을 엿볼 수 있는 유일한 틈은 사람이 들어갈 크기의 서랍처럼 생긴 투입구뿐이다. 다음 희생물인 당신을 괴물의 배속으로 옮길 준비가 되어 있다.

지시에 따라 입고 있던 옷을 벗고, 온몸을 깨끗하게 닦은 뒤 흰색 가운을 걸친다. 목재 계단을 올라 열린 투입구 안으로 들어가 차갑고 딱딱한 금속 위에 눕는다. 마치 들것 위에 오른 시체처럼.

가슴 앞으로 두 팔을 엇갈려 모은 채 조용히 기다린다.

아무런 움직임이 없다.

당신은 전신 방사능 측정기라는 괴물의 입안으로 굴러 들어가기 직전이다.

문이 닫히면 모든 빛이 완벽하게 차단된다. 칠흑 같은 밤처럼, 아니, 그보다 더 어둡다.

그런 다음 기다린다. 전신 방사능 측정기가 전자 광선을 퍼부어(아프지는 않다) 체내 방사능 양을 측정하는 동안 마치 관처럼 생긴 이 기계장치 안에서 꼼짝도 하지 않고 그대로 기다려야 한다. 체지방율도 함께 측정한다. 폐소공포를 느끼거나 공황발작이 시작될 경우 '비상 탈출 버튼'을 누를 수 있다. 당신이라면 누르지 않겠지만.

충분히 강인하고, 충분히 영리하고, 충분히 건강한

1단계 테스트가 모두 완료되자 러브레이스 클리닉에서 결과를 분석했다. 테스트에 참가한 여성 19명 가운데 제리 코브를 포함해 총 13명이 끝까지 완수했고, 매우 성공적으로 테스트를 통과했다.

버니스 비 스테드먼은 러브레이스 박사가 이후 일이 어떻게 진행될지 예측하며 했던 말을 기억하고 있었다. 그녀가 기억하기로 러브레이스 박사는 "남성과 견주어 여성이 무엇을 이룰 수 있는지, 테스트에 참여한 여성들이 잘 보여 주었기 때문에 나사에서 여성 후보들을 배제할 이유가 없을 것"으로 믿었다고 한다.

이제 러브레이스 박사는 필요한 데이터를 확보했다. 체중이 덜 나가고, 그렇기 때문에 나사 입장에서는 비용을 절감할 수 있는 여성이야말로 우주 비행사 후보가 되기에 적합하다는 그의 이론을 충분히 증명할 수 있었다.

테스트 결과는 여성이 결코 남성에 비해 약한 성별은 아니라는 명확한 과학적 증거를 제시하고 있었다. 아울러 어느 모로 보나 여성 역시 남성만큼 위험을 감수하는 존재임이 증명되었다.

이제 그 누구도 여성은 우주를 비행하기에 충분히 강인하지도, 충분히 영리하지도, 충분히 건강하지도 않다고 감히 주장하지 못할 터였다.

그럼에도 그런 주장을 펼칠 수 있었을까?

어쩌면 그럴 수도. 자신을 둘러싼 가족이나 친구들이 그들의 성취를 기뻐하며 응원해 주는 운 좋은 여성도 없지 않았다. 하지만 모든 여성에게 그런 행운이 따랐던 것은 아니다.

아이린 레버튼의 직장 상사는 처음에는 레버튼의 비행 일정을 중단시켰고 나중에는 직급을 강등해 결과적으로 다발 엔진 항공기를 조종할 수 있는 특전을 박탈했다. 제리 슬론의 남편은 공항으로 마중 나오면서 이혼 서류를 내밀었다.

아이린 레버튼은 여성 조종사로서 끊임없이 차별에 맞닥뜨렸다.

당시 매리언 디트리히의 데이트 상대였던 남자는 우주정거장을 점령하려는 계획에 여성들을 이용하려는 것은 아닌지 의심하며 다음과 같이 물었다고 한다. "도대체 그 사람들에게 당신이 쓸모 있기는 한가요?" 그러면서 자기 나름의 결론을 내렸다. "그 과학자들더러 자기 여자들한테나 신경 쓰라고 하세요."

그녀의 또 다른 남자친구는 이렇게 말했다. "하지만 난 당신에게 청혼할까 생각하고 있었는데." 매리언 디트리히는 계속 생각하고 있으라고 대꾸했다. 디트리히는 자기 자신에게 가장 중요한 우선순위가 무엇인지 잘 알고 있었고, 그 일을 미룰 생각은 추호도 없었다.

13명의 여성 중에 그런 선택을 할 사람은 하나도 없었다.

EXIT
UNITED
STATES

5 현실이라기엔 실감이 안 났어요

1961년 5월

다른 여성 우주 비행사 후보들이 러브레이스 클리닉에서 전력을 다해 1단계 테스트를 받는 동안, 제리 코브는 2단계 심리 검사를 거쳐 3단계 테스트를 앞두고 있었다. 공군 시설을 이용하고자 했지만 거절당하자, 러브레이스 박사는 플로리다주 펜서콜라Pensacola에 위치한 해군항공의학교Naval School of Aviation Medicine에서 제리 코브가 테스트를 받을 수 있도록 조처했다. 이와 더불어 다른 12명의 여성 후보들이 제리 코브의 뒤를 따를 수 있도록 방법을 모색하기 시작했다.

제리 코브는 어느 후덥지근한 밤에 펜서콜라에 도착했고 밤새 잘 잤다. 충분한 숙면이 필요했다.

제리 코브를 기다리는 이튿날의 일정은 앨버커키나 오클라호마시티에서의 다른 어느 날보다 고되리라고 짐작되었다.

예상은 빗나가지 않았다. 일단 해군 조종사들과 동일하게 체력 훈련에 참여했다. 체중이 덜 나간다거나 체격이 작다는 상이한 신체 조건

머큐리 우주캡슐 옆에서 포즈를 취하고 있는 제리 코브.

에 대한 배려는 전혀 없었다. 덥고 습한 날씨 속에서 오래달리기, 윗몸 일으키기가 이어졌지만 코브는 잘해 냈다. 턱걸이는 힘에 부쳤다. 2미터 높이의 담장 오르기는 더 힘들었다.

처음에 도전했을 때는 떨어지고 말았다. 상관없었다. 제리 코브는 다시 뛰었고 담장을 향해 점프했다. 이번에는 꼭대기까지 기어올라 담장을 넘는 데 성공했다.

"긁히고, 멍이 들고, 숨이 가빴다"고 제리 코브는 훗날 말했지만, 그만한 가치가 있었다. 고작 담장과 같은 사소한 장애물 때문에 일을 그르칠 수는 없었다.

다음은 공중 뇌전도 검사. 곡예비행 중 중력이 당기는 힘에 대한 신체 반응을 파악하기 위한 테스트였다. 해군이 보유하고 있는 완전 장전한 더글러스 스카이레이더Douglas Skyraider 공격기를 조종하기 위해서는 허가가 필요했다. 펜서콜라에서는 제리 코브를 위해서 워싱턴 D.C.의 해군 본부에 연락하여 사용 허가를 얻었다. 남성과 여성 우주비행사 후보 사이의 차이점을 확인하기 위해 필요한 테스트라고 설명했다. 해군 본부는 사용 허가를 내 주기는 했지만 구태여 한마디를 덧붙였다. "그 차이점을 아직 모르고 있다면 이 프로젝트에 대한 예산 투입을 거절합니다."

드문 반응은 아니었다. 해군 기지 주변에는 제리 코브의 등장에 별로 개의치 않는 남성들도 있었다. 그들은 제리 코브가 끝내 성공하지 못하리라 지레짐작하고 있었다. 가만히 기다리다 그녀가 실패하는 꼴을 지켜보리라 생각했다.

제리 코브가 조종석에 올랐다. 총 18개의 탐침이 머리에 부착되었고, 그녀에게 연결된 카메라를 비롯하여 여러 기록 장치가 제리 코브의 일거수일투족을 기록했다.

조종석에 앉은 제리 코브는 공격기를 쏘아 올렸다가 낙하시키고, 원을 그리며 돌고, 데구루루 구르고, 방향을 비틀면서 죽음을 두려워하지 않는 놀라운 묘기를 선보였다.

카메라는 밖으로 돌아가는 눈동자에 안으로 쏠리는 눈동자까지 자기 통제를 벗어난 제리 코브를 낱낱이 포착했지만, 두려움이 그녀의 얼굴을 스친 적은 한 번도 없었다.

그리고 마침내 제리 코브가 공격기에서 내렸을 때는 보다 까다로운 테스트가 그녀를 기다리고 있었다.

저압실험실 검사는 제리 코브의 신체가 고공저압 환경에서 어떻게 반응하는지를 확인하기 위한 것이었다. 고도가 높아질수록 기압은 낮아진다. 여압복은 신체에 압력을 가해서 사람의 혈액 속 가스가 기포로 새어 나오는 치명적인 위험 상황을 예방한다. 앞서 베티 스켈턴이 그랬듯이 제리 코브도 자신의 체격에 맞지 않아 헐렁한 남성용 여압복을 여기저기 조이고 묶어 착용해야 했다.

연구자들이 저압실험실 압력을 고도 6만 피트 수준으로 낮추었다. 손끝 하나 움직이기도 쉽지 않은 조건이었지만, 제리 코브는 산소 부족으로 납처럼 무거워진 팔과 다리를 움직여 지시에 따라 노브와 다이얼을 조작했다. 연구원들은 비행기가 자유낙하로 1만 피트 상공까지 곤두박질하는 것처럼 순식간에 압력을 증가시켰다.

제리 코브는 여전히 괜찮았다.

여전히 강건하게 버텼다.

다음 순서는 딜버트 덩커Dilbert Dunker.

머릿속에 그려 보자.

> 수조 위로 높이 설치된 가파른 경사로 꼭대기에 금속제 캡슐이 매달려 있다. 비행복과 헬멧, 낙하산까지 완전무장을 갖춘 당신은 몸이 천근만근 무겁다. 기계장치 안으로 들어가 조종석에 앉은 뒤 안전벨트를 맨다. 철커덩하며 해치가 닫힌다. 그러면 금속제 캡슐이 세차게 경

딜버트 덩커의 작동 순서: 1. 캡슐이 빠른 속도로 수조를 향해 낙하한다.
2. 물을 튀기며 입수하고, 위아래가 뒤집힌 채 수조 바닥에 가라앉는다(오른쪽).

사로를 따라 미끄러져 수조 안으로 곤두박질한다. 세차게 물을 튀기며 거꾸로 뒤집힌 채 바닥으로 가라앉는다. 물이 새어 들어온다.

수심 50미터.

겁에 질렸는가? 출구를 찾을 수 있는가? 어느 쪽이 아래일까?

순간, 자신이 처한 상황을 빠르게 판단하고 캡슐에서 몸을 빼내 안전하게 헤엄쳐 물 위로 올라올 수 있는가?

제리 코브가 준비를 마쳤다. 엄지손가락 두 개를 치켜세워 보였다. 출발해도 좋다는 신호였다. 캡슐이 경사로를 따라 쏟아지듯 낙하했고 안은 금세 물로 가득 찼다. 처음에는 무릎 높이까지, 눈 깜짝할 사이에 머리까지 잠겼다. 캡슐은 위아래가 뒤집힌 채 수조 바닥으로 내리박힌 상태였다. 제리 코브는 숨을 한껏 들이쉬고 참았다. 1분까지는 참을 수 있었다.

벨트를 풀고 잠금장치를 열었다. 복잡하게 엉킨 줄들을 정리했다. 비행복이 여기저기에 설치된 노브나 핸들 따위에 걸리지는 않았는지 확인했다. 훗날 제리 코브는 자신이 해야 했던 일을 다음과 같이 설명했다. "캡슐의 윗부분, 고꾸라진 상태였으니 수조 바닥을 향해 있던 천장을 찾아 차근차근 나아갔습니다." 그녀는 방향을 잃지 않았다. 정확하게 해치를 찾아 열고 탈출했다.

다음 단계는 그나마 손쉬운 편이었다. 헤엄을 쳐서 수면으로 부상. 만약의 사태에 대비해서 구조 잠수부들이 대기 중이었지만 이날은 물에 들어갈 필요가 없었다.

딜버트 덩커는 수중 생존 테스트였다. 다음으로는 조종사의 비상탈출 좌석을 본뜬 장치에서 공중 생존 테스트를 실시했다. 피검자는 가파른 트랙을 따라 높이 부상한 뒤 순식간에 낙하한다. 다음 순서는 SRRslow-rotation room, 즉 저속회전실이었다. 이 방은 원심분리기 위에 고정되어 있으며 1분에 10회, 계속해서 돌고 돌기를 반복한다. 창문은 없다. 수평선이 없기 때문에 자신의 위치, 방향을 파악하는 데 도움을 얻을 기준점이 없다.

방에 들어간 제리 코브는 앞으로 걸어가라는 연구자들의 요청에 따라 뒤뚱거리며 나아갔다. 휘청거렸다.

그런 다음 정신을 집중했다. 여러 개의 다이얼이 뚜렷하게 보이기 시작했다. 제리 코브는 요청받은 임무를 모두 수행했다. 다른 피검자들과는 달리 점심을 게워 내지도 않았다.

테스트는 차례차례 성공적으로 끝났다.

제리 코브는 모두 해냈다.

이제 그녀가 모든 장애물을 통과했으므로 러브레이스 박사는 나머지 12명의 여성을 대상으로 계속해서 테스트를 진행할 계획이었다. 테스트는 7월로 예정되어 있었다. 러브레이스 박사와 제리 코브는 높은 자리에 있는 사람들이 마음을 바꾸기 전에 어서 후보 여성들이 펜서콜라에 당도하기를 바랐다. 제리 코브는 각각의 여성들을 "친애하는 FLAT fellow lady astronaut trainee, 동료 여성 우주 비행사 훈련생"이라 부르면서 편지를 썼다.

무대의 중심에 선 제리 코브

5월이 다 가기 전에 제리 코브는 제1회 '우주의 평화로운 이용에 관한 전미회의' First National Conference on the Peaceful Uses of Space에 참석하고자 자신의 고향인 오클라호마로 돌아왔다. 러브레이스 박사는 물론 나사의 관리들, 정치인들, 우주 연구 및 비행 분야의 과학자들, 그리고 여러 언론사의 기자들까지 모두 참석했다.

러브레이스 박사에게는 제리 코브가 보여 준 놀라운 테스트 결과를 소개하여 세간의 관심을 주목시키고, 자신이 구상 중인 큰 그림을 공개하기에 완벽한 기회였다.

이번에는 단지 한 여성이 수행한 테스트 과정을 발표하는 데 그치지 않았다. 러브레이스 박사는 제리 코브뿐만 아니라 탁월한 결과를 기록하며 1단계 테스트를 완수한 다른 후보 여성 비행사들도 최초로 공개했다. 12명의 여성 후보들은 저마다의 자리에서 본업에 충실하며 제리 코브가 앞서 걸었던 과정을 이어 나갈 때를 기다리고 있었다.

새로운 소식은 일대 소요를 일으켰다. 조용한 성품의 제리 코브는 다시 한번 무대의 한가운데서 세간의 이목을 끌게 되었다.

이날 밤 열린 연회에서 제리 코브는 주빈석에, 그것도 나사 국장인 제임스 웨브James Webb의 바로 옆자리에 앉았다. 제임스 웨브는 이날 행사에 연사로서 초대받았다. 제리 코브는 자기가 누구의 옆자리에 앉아 있는지 정확하게 인지하고 있었다. 그녀는 이미 자신의 테스트 성과에 관해 보고하고자 그에게 편지를 보낸 적이 있으며, 이때 여성을 우주에 보내려는 소련의 구상을 강조하기도 했다.

제리 코브는 저녁 식사 중에 제임스 웨브가 자신의 연설문에 메모를 끼적이는 것을 보았다. 연단에 섰을 때, 이번에는 웨브 자신이 소소하게나마 놀랄 만한 소식을 발표했다. 제리 코브를 유인 우주 비행에 관한 나사 특별 자문역에 임명한다는 것이었다.

제임스 웨브의 결정에 깜짝 놀란 제리 코브는 짜릿한 흥분을 느꼈다. 그녀는 실물 크기의 머큐리 우주캡슐 모형 옆에 서서 사진기자들을 위해 포즈를 취했다. "미국의 우주 정책에 대한 발언권을 얻게 된 셈이니까요! 현실이라기엔 실감이 안 났어요."

제임스 웨브는 왜 이런 결정을 내렸을까? 정말로 제리 코브의 자문이 필요했던 것일까? 그보다는 대외 홍보를 위한 영리한 조치였을 가능성이 높다. 여성 자문역을 둔 나사라면 나무랄 데가 없으니. 조직이란 으레 그들이 틀렸다는 지적, 자격을 갖춘 사람들을 따돌린다거나 변화가 필요하다는 지적을 좋아하지 않는 법이다.

제리 코브는 나사 자문역이라는 새로운 직책을 받아들이고 조용히 취임했다. 팡파르는 없었다. 기자들은 제리 코브가 어떤 역할을 맡게 될지 자세하게 알고 싶어 했지만 제임스 웨브에게는 준비된 답변이 없었다. 제리 코브가 앞으로 "프로그램의 어느 부분에서든 소중한 자산으로 쓰일 것"이라고 두루뭉술하게 말하는 게 고작이었다.

나사 우주 프로그램에서 여성 인력을 활용해야 한다는 제안서를 작성하는 것으로 제리 코브는 업무에 곧바로 착수했다. 전반부에서는 "나사가 공식적으로 이 연구를 속행하도록 권고"했고, 후반부에서는 미국이 소련에 앞서 여성을 우주에 보내야 한다고 정식으로 제안했다.

제리 코브는 답신을 기다렸다.

1961년 7월 초

펜서콜라에서 7월로 예정되어 있던 테스트에 문제가 생겼다. 다른 일정과 겹쳤던 것이다. 러브레이스 박사와 해군은 협의하여 날짜를 다시 정했다. 9월이었다.

제리 코브는 조바심이 났다. 동력이 사라지는 것이 마뜩지 않았다. 늦어진 일정을 보완하고자, 오클라호마를 방문할 수 있는 후보 여성들은 심리 검사를 먼저 받는 것이 좋겠다고 제안했다.

1961년 7월 말

레아 헐은 미소가 아름다운 여성이었다. 허튼짓이라고는 일체 할 줄 모르는 마음 따뜻한 사람이었다. 그녀는 지난 3월에 자신이 받은 테스트에 관해 어느 누구에게도, 심지어 가족에게도 말하지 않았다. 2년

자신의 비행기 조종석에서 미소 짓는 레아 헐.

뒤 《라이프》지에 13명 모두를 소개하는 기사가 실린 뒤에야 비로소 가족들도 사실을 알게 되었다.

다만 그해 7월, 테스트에 함께 참여한 제리 코브 그리고 월리 펑크와는 대화할 수 있었다. 세 사람은 오클라호마시티에 위치한 제리 코브의 집에 모였다. 뒷마당에서 함께 음식을 만들어 먹고, 윗몸일으키기를 누가 가장 많이 해내는지 겨루기도 했다. 웃음소리가 가득한 시간이었다.

그날 아침 월리 펑크는 2단계 고립 테스트를 앞두고 있었는데, 레아 헐도 같은 테스트를 받으려고 며칠 앞서 오클라호마시티를 찾은 터였다. 그녀는 상관에게 경비행기 파이퍼 코만치Piper Comanche를 빌려 텍사스에서 오클라호마까지 직접 조종해서 날아왔다.

제리 코브는 레아 헐을 따뜻하게 환대하고 자신의 집에 묵게 했다. 즐거운 마음으로 손님 방 인테리어를 바꾸기도 했다. 당시 인기가 높았던 TV 드라마 중에 〈권총 보유, 출장 가능〉Have Gun, Will Travel이라는 서

부극이 있었다. 제리 코브는 '열정 보유, 궤도 비행 가능'Have Urge, Will Orbit이라고 쓴 배너를 달았다. 별과 행성 스티커로 천장을 장식하고 우주선이 그려진 침구를 새로 장만했다.

레아 헐도 제리 코브가 앞서 찾았던 그곳을 방문했다. 감각 상실 수조는 오클라호마시티의 재향군인관리국Veterans Administration 산하 병원 내에 자리 잡은 제이 셜리 박사의 실험실에 있었다.

훗날 그녀는 이때의 경험을 "편안했다"고 평가했다. "정신을 똑바로 차리고 있는 한 별문제는 없었습니다. 하지만 그런 환경을 못 견디는 사람들도 있을 것 같아요. 저는 연구원들이 나오라고 할 때까지 수조 안에 머물렀습니다."

정말 그랬다. 레아 헐은 제리 코브의 기록을 깨며 수조 안에서 장장 10시간을 머물렀다. 코브보다 20분 더 있었다. 10시간 동안 그녀의 움직임은 "매우 미미했다"고 기록되어 있다. 중얼거림도 별로 없었다.

다음은 월리 펑크의 차례였다.

월리 펑크는 양쪽 귀에 귀마개를 꽂고 칠흑 같은 수조 안으로, 소리도 빛도 없는 그곳으로 들어갔다. 아무 문제도 없었다.

월리 펑크는 거의 움직이지 않았고 말수도 없었다.

이번에는 월리 펑크가 레아 헐의 기록을 깼다. 10시간 35분. 사실 그녀가 수조에서 나온 이유는 단 한 가지, 캐스린 월터스 조교가 나와 달라고 말했기 때문이었다. 월리 펑크는 아무렇지도 않았다. 그곳에 한없이 머무를 수도 있었다.

여름이 끝날 무렵, 진 힉슨이 마지막으로 1단계 테스트를 통과했고, 여성 비행사들이 서명한 이적 동의서가 제리 코브 앞으로 속속 도착했다.

하지만 그때까지 나사로부터 어떤 소식도 없었다. 제리 코브의 제안에 아무런 반응이 없었다. 자문역으로서 수행할 역할이 없었다.

이런 침묵은 불길했다.

AKRON BEACON JOURNAL

PARADE

APRIL 30, 1961

Are TV westerns maki
Americans gun-happy

PAGE 6

WHERE SHOULD DAD B
WHEN THE BABY IS BOR

PAGE 14

JAN AND MARION DIETRICH: FIRST ASTRONAUT TWINS PAGE 8

6 유감스러운 소식입니다만…

1961년 9월

12명의 여성 비행사들은 제리 코브의 전례를 따라 펜서콜라에서 다음 테스트를 받으려고 준비해 놓았다. 그들은 자신의 일과 그 밖의 여러 책임을 이렇게 저렇게 조정하여 펜서콜라로 떠날 채비를 마쳤다. 1차 테스트를 마치기까지 일주일이 소요되었는데 이번에는 2주가 필요했다.

진 노라 스텀보의 사장은 휴가를 인정해 줄 수 없다고 했다. 그래서 그녀는 직장을 관두었다.

세라 거렐릭도 똑같은 어려움을 겪고 있었다. 앨버커키에 가기 위해서 이미 여름휴가를 모두 써 버렸다. 휴가를 더 달라고 요청해 보았지만 거절당했다. 그래서 그녀도 직장을 그만두어야 했다. 떠나는 거렐릭을 위해 직장 동료들이 파티를 열어 주었고, 이름을 새겨 넣은 우주 비행사용 헬멧을 선물했다.

1차 테스트 이후 이미 아이린 레버튼을 좌천시켰던 그녀의 상관은

1961년 4월 《퍼레이드》(Parade) 표지 기사는 미국 전역에서 활동하는 젊은 여성 조종사들의 이목을 끌기에 충분했다. 기사 제목은 "재닛과 매리언 디트리히 — 최초의 쌍둥이 우주 비행사".

테스트 따위는 그만 잊어버리라고 말했다. 아이린 레버튼도 자신의 꿈을 좇기 위해 일터를 떠났다.

제리 슬론의 처지는 다소 나았다. 제리 코브가 제리 슬론의 상관에게 편지를 써 주었던 것이다. 제리 코브는 자신을 나사 자문역이라 강조하며 소개하고 도널드 플리킨저 준장을 언급했으며, 테스트 과정이 공개되면 《라이프》지에 기사가 나리란 것도 알려 주었다. 덕분에 일이 잘 풀렸다.

이번에도 베이비시터들을 줄줄이 확보해야 했고, 냉장고를 채워 두어야 했고, 여행 계획을 세워야 했다.

흥분이 고조되고 있었다.

테스트 자체가 가장 중요한 일이었지만, 이들이 처음으로 한데 모인다는 점도 의미 있었다.

12명의 여성 우주 비행사 후보들은 이제 제리 코브가 펜서콜라에서 수행했던 마지막 단계의 테스트만을 남겨 두고 있었다. 제리 코브의 기록이 한 특출한 여성의 예외적인 기록이 아니라 일반적인 여성이 달성할 수 있는 기록이라는 사실을 과학적인 자료로서 입증할 수 있다면, 나사가 우주 프로그램에서 여성을 배제할 구실을 찾기 어려울 터였다.

언론은 상황이 어떤 식으로 전개되고 있는지 정확히 파악하지 못했다. 그럼에도 《퍼레이드》는 4월호에 러브레이스 박사가 여성 후보들의 테스트 결과와 '머큐리 세븐' 우주 비행사들의 테스트 결과를 상호 비교하고 있다는 기사를 내보냈다. 그리고 《매컬스》는 여성 조종사들이 펜서콜라에 도착하기로 예정된 날을 딱 2주 남겨 놓고 매리언 디트리히의 1단계 테스트에 관한 기사를 내보냈다. 이런 식으로 무슨 일이 진행되고 있는지 조금씩 알게 된 대중은 응원의 편지를 보냈다. 우주 비행사를 꿈꾸는 다른 젊은 여성들도 나사에 편지를 썼다.

갈등은 단순히 우주로 날아오르기를 원하는 13명의 여성과 이들을 지상에 붙들어 두기로 결정한 사람들 사이에만 머물지 않았다. 각종 기사나 사설, 만평, 편지 등이 "여성이 할 수 있는 일은 무엇인가?" "여성의 자리는 어디인가?"라는 조금 더 근본적인 질문들을 쏟아 내기 시작했다.

1년 정도 지난 뒤, 제인 하트는 당시를 돌아보며 다음과 같이 간명하게 정리했다. "보다 극단적인 반응은 매니큐어나 쿠키 부스러기, 핀대가 보이지 않는 보비 핀, 립스틱 색깔 따위의 자질구레한 수다거리를 장황하게 늘어놓는 사설이나 칼럼 형태로 나타났다. 이런 글을 쓰는 남성들은 평생 경박하고 아둔하며 머릿속이 텅텅 빈 여성들만 보았던 것일까? 전혀 다른 종류의 여성들도 있다는 사실을 모르는 모양인데 그들에게는 실로 안된 일이다."

여성 우주 비행사가 등장할지도 모른다는 상상에 남성들만 불안해진 것이 아니었다. '제미니Gemini 7호'의 우주 비행사인 제임스 러벌James Lovell의 아내는 훗날 《뉴욕 타임스》와의 인터뷰에서 다음과 같이 말했다. "제 생각에는 우주 비행사 자격을 갖춘 여성을 절대 찾지 못할 것 같아요. 만약에 여성이 함께한다면 긴 여행 중에 많은 문제가 발생할 것 같기도 하고요."

제리 코브와 러브레이스 박사의 응원 속에 모든 준비를 마친 12명의 여성은 마지막 테스트가 시작되기를 기다리고 있었다. 그런데 이 시점에 상황이 반전을 맞았다. 테스트 시설은 오직 해군만이 보유하고 있었고, 비공식적이기는 해도 해군 측은 제리 코브가 해군 장비를 이용하는 데 동의해 주었다. 그들이 다시 한번 동의해 줄 것인가? 《매컬스》는 여성들을 존중하려는 의도로 기사를 실었고 덕분에 러브레이스 박사가 추진하는 프로그램이 유명세를 타자 나사의 홍보 활동에는 골칫거리가 되었다. 여성 우주 비행사에 대한 공식 입장을 궁금해하는 미국 대중에게 나사는 대답할 준비가 되어 있지 않았다.

긴 여정에 앞서 짐을 꾸리고 일정을 조정하고 들뜬 마음과 설렘이

교차하는 가운데 최악의 사태가 일어났다.

12명의 여성이 펜서콜라에서 제리 코브와 합류하기로 약속한 날을 단 며칠 앞두고 제리 코브는 전화를 한 통 받았다.

러브레이스 박사였다.

좋지 않은 소식이었다.

"해군이 이번 테스트를 취소했어요."

"도대체 무슨 일이 있었던 건가요?"

"나도 아직 잘 모르겠소. 방금 펜서콜라 측에서 취소되었다는 전화만 받았을 뿐이오. 현재로서는 더 이상 해 줄 말이 없어요."

제리 코브는 무슨 일이 있었던 것인지 알 만한 사람들과 닿기 위해 떠올릴 수 있는 모두에게 전화를 걸어 보았다. 이 사람에게 연락해 보라, 저 사람에게 전화해 보라는 조언만 있을 뿐, 그 누구도 대답해 주지 않았다. 심지어 제리 코브가 연락했던 사람들 대부분은 그녀가 무슨 소리를 하는지도 잘 몰랐다. 테스트라고요? 무슨 테스트요?

제리 코브는 곧바로 워싱턴 D.C.로 날아갔다. 난관을 만나면 최선을 다해 해결하는 것이 제리 코브의 방식이었다. 그녀는 어떻게 해서든 도대체 무슨 일이 벌어지고 있는지 알아낼 참이었다.

1961년 8월

이 사태와 관련한 몇 가지 사실을 소개하면 다음과 같다.

> **1번 도미노:**
>
> 해군 중장 로버트 B. 피리Robert B. Pirie는 해군 항공 작전을 책임지는 참모부장이었다. 해군이나 나사 측이 러브레이스 박사의 프로그램을 전혀 몰랐던 것은 아니지만, 임박한 펜서콜라 테스트에 관하여 로버트

> 피리 중장은 이전에 들은 바가 없었다.
>
> **2번 도미노:**
>
> 로버트 피리 중장은 나사 측에 적절한 서류를 구비하여 '요구서' 서식에 따라 공식 요청을 제기하라는 공문을 보냈다. 이 프로젝트를 위해 정부가 부담하는 비용을 정당화하려면 나사 당국의 관심 표명이 반드시 필요하다는 것이었다.
>
> **3번 도미노:**
>
> 나사는 요청을 거부했다. 나사가 추진하는 프로그램이 아니라고 했다. 따라서 그들은 '요구서'를 제출할 이유가 없었다.
>
> **4번 도미노:**
>
> '요구서'가 확보되지 않았다는 것은 정부 지출이 승인되지 않는다는 의미였고, 다시 말해 펜서콜라에서 테스트를 진행할 수 없다는 의미였다.

상황이 급반전을 맞은 데 대해 드러난 몇 가지 사실에 근거한 이런 설명은 명확하고 간결하며 단순하되, 별로 의미는 없다. 해군 입장에서 나사의 '요구서' 제출이 필요했던 것은 사실이다. 그리고 나사가 여성 우주 비행사 후보들의 테스트를 공식적으로 승인한 적이 없다는 것 역시 엄연한 사실이다. 그러나 로버트 피리 중장이 임박한 테스트에 대해서 어떻게 알게 되었는지, 그 과정은 설명하지 못한다. 제리 코브의 테스트 결과를 고려한다면 나사가 굳이 '요구서'를 제출하지 않기로 결정한 까닭도 설명하지 못한다. 바로 이 대목에서 '거의 우주 비행사가 될 뻔한 여성들'almost astronauts의 이야기가 점점 심각해지고 우울해진다.

당시 러브레이스 박사는 어떻게 일이 이렇게 와해될 수 있는지에 대한 설명을 걱정할 처지가 아니었다. 어쨌든 그는 여성 후보들에게 더 이상 테스트를 진행할 수 없다는 최악의 소식을 전달해야 했다. 다음과 같은 메시지가 모든 여성 후보들에게 똑같이 전달되었다.

유감스러운 소식입니다만, 펜서콜라 일정이 모두 취소되었음을 알려 드립니다. 향후에도 본 프로그램의 해당 부분이 속행되지 않을 것으로 예상됩니다. 귀하는 저를 통해 러브레이스 재단 앞으로 사전 부담한 비용의 환불을 요청할 수 있습니다. 앞으로 문제가 파악된다면 추가 사항에 대해서 서신으로 알려 드리겠습니다.

의학박사 W. 랜돌프 러브레이스 II

머틀 케이 케이글은 충격을 받았다. "갑작스러운 상황 변화를 이해할 수 없었습니다. 일요일 아침 비행기를 예약해 두었는데 토요일 오후에 일정이 취소되었다는 소식을 받았어요."

레아 헐의 경우 실망하기는 했지만 본연의 실용적인 태도로 문제에 접근했다. "기분이 정말 나빴지만 저에게는 다시 돌아갈 직장이 있었고, 계속 일상을 이어 가야 했어요. 그 사람들은 정말로 우리에게 단 한 마디도 해명하지 않았어요. 대신에 이 일에 대해 입 다물라는 요구만 했지요."

진 노라 스텀보의 상황은 매우 심각했다. "완전히 패닉 상태가 되었어요. 저는 직장도 잃었거든요!"

물론 보다 근본적인 문제도 있었는데, 이를테면 여성을 어떤 식으로 바라보느냐, 아니, 보다 정확하게 표현하자면, 바라보지 않느냐에 관한 것이었다.

우주 경쟁은 일견 순수한 과학의 영역인 것 같지만 그만큼 정치적이기도 하다. 항상 그래 왔다. 미국이 세계에서 가장 강하고, 가장 진보적인 국가임을 증명하기 위해 반드시 우주항공 분야를 지배해야 한다는 케네디 대통령의 믿음은 동시대 미국인들의 생각과 다르지 않았다. 여성도 적격하다는 사실, 심지어 여성 우주 비행사들은 나사의 예산을 절감할 수 있다는 장점은 전혀 고려되지 않았다.

마운트 홀리오크 칼리지 동문들이 "나사는 여성을 우주 프로그램에 참여시키라"며 시위하고 있다.

스미스소니언 국립항공우주박물관의 큐레이터인 마거릿 A. 와이트캠프Margaret A. Weitekamp는 당시 나사의 분위기를 다음과 같이 설명했다. "남자들의 일을 대신하도록 여성을 보낸다는 것은 케네디 대통령이 바랐던 세계 최강국으로서 미국의 이미지가 아니었습니다." 그렇다고 케네디 대통령 자신이 직접 나서서 펜서콜라 테스트를 중단하게끔 만들었다는 뜻은 아니다. 다만 마거릿 와이트캠프의 주장을 통해서 당시 미국 정치권의 일반적인 분위기를 짐작해 볼 수 있다. 정치인들 대부분은 우주 경쟁에서 승리하기를 원했다. 그리고 그 승리의 길은 7인의 강인한 우주 영웅들이 앞장서서 이끌어야 했다. 누가 우주 비행사가 되어야 하는가를 두고 옳으니 그르니 따지는 상황은 결코 탐탁지 않았다. 여성 조종사들은 골칫거리에 불과했기에 나사는 '요구서'를 제출해 달라는 해군의 요청을 간단히 거절함으로써 깔끔하고 확실하며 효율적인 해결책을 찾은 것이다.

시작하기도 전에 펜서콜라 테스트를 취소함으로써 나사와 해군은 논의 자체를 중단시켰다. 적절한 테스트 과정을 통과한 여성이 없으므로 여성을 우주로 보낼지 말지, 더 이상 왈가왈부할 필요가 없었다. 그것으로 논란은 끝이었다. 많은 미국인이 개인적으로 나사에 편지를 보내 여성이 참여하는 우주 프로그램에 관한 공식 입장을 밝혀 달라고 요청했지만, 현재로서는 여성을 대상으로 하는 프로그램이 준비되지 않았다는 짧은 답신만 돌아왔다.

나사와 해군은 당분간 이 문제를 한쪽에 치워 놓기로 했다.

한편, 러브레이스 박사는 해결하기 쉽지 않은 난관에 봉착했다. 여성도 우주캡슐의 조종석에 앉을 수 있다고 굳게 믿는 그였지만, 나사와의 협력 관계를 계속해서 이어 나갈 수 있는지 여부에 자신의 경력과 러브레이스 재단의 미래가 달려 있었다. '우주로 간 여성' 프로그램뿐만 아니라 다른 중요한 프로젝트도 여럿 진행 중이었다. 나사의 최종 입장이 여성을 배제하는 것이라면 박사 자신도 그 결정을 따를 수밖에 없었다.

러브레이스 박사는 한 발 물러서기로 결정했다. 그는 당시 나사 국장이었던 제임스 웨브에게 장문의 편지를 보내서 자신이 나사를 대표해 후보 여성들에게 무엇이든 약속한 바는 없다고 분명하게 밝혀 두었다. 그러면서도 당시까지의 테스트 결과가 휴지통에 버려지는 것을 원치 않기에, 정부에 대가 없이 무료로 제공하고 싶다는 뜻을 피력했다. 결국 누가 뭐래도 러브레이스 박사는 자료를 중시하는 과학자였고, 관료주의나 정치 역학이 아닌 과학이 궁극적으로는 승리하리라는 바람을 떨치지 못했다.

한편, 제리 코브 역시 과학과 공정함이 언젠가 승리하기를 희망했다. 그리고 그 승리를 앞당기기 위해 자신이 할 수 있는 모든 일을 실행하기로 결심했다.

자신이 추구하는 명분이 가진 힘을 믿었기에, 제리 코브는 계속해서 나아가고 싸울 수 있었다.

그런 제리 코브를 기다리는 것은 그야말로 일생일대의 대결이었다.

첫 번째 과제는 비교적 간단명료했다. 여성이 우주 비행사가 될 능력이 있음을 증명할 것. 이것은 과학적 차원의 문제였다.

이번에 제기된 두 번째 과제는 여성에게도 우주 비행사가 될 권리가 있음을 증명하라는 것이었다. 정치의 영역이었고 사회적 차원의 문제였다.

제리 코브는 다른 여성 후보들에게 편지를 써서 자신이 조만간 "작은 소동을 일으켜야 하는" 상황이 올 수도 있다고 알렸다.

이제 싸움에 나설 시간이었다.

여러분에게 대통령이 전하는 메시지

지속적인 평화를 위해 우리가 기울이고 있는 다양한 노력 중에서도 미국의 우주 프로그램은 새롭고도 핵심적인 중요성을 띠고 있습니다. 남녀를 불문하고 청소년 여러분이 가진 저마다의 능력과 상상력은 환영할 만하며 이 중요한 영역에서 긴급하게 요구하는 것입니다. 청소년 여러분이 자신을 위해, 그리고 조국을 위해 활력과 문제 해결 능력을 발휘하여 이 과제를 완수해 주시리라 믿습니다.

존 F. 케네디

7 이제 그만 좀 합시다!

제리 코브 vs 나사

이 싸움터는 완전히 기울어진 운동장이었다. 제리 코브의 상대는 미국이 추진하는 우주 탐험에 관한 모든 결정권을 보유한 나사였다. 더불어, 대다수 워싱턴 정치인들의 명시적인 또는 암묵적인 태도는 묵묵부답으로 일관하는 나사의 뒷배가 되었다. 이런 상황에서 제리 코브가 할 수 있는 일이 무엇이었겠는가? 목소리 내어 말하고 주장하여 여론에 영향을 미치는 것뿐이었다.

제리 코브는 전국을 돌며 여성이 참여하는 우주 프로그램을 주창하고 여성이 우주 프로그램에 참여할 때의 이점을 설득했다. 어쨌거나 그녀는 나사 자문역 중 하나가 아니었던가. 11월에 제리 코브는 자신의 의견을 개진하고자 바하마의 나소Nassau에서 개최되었던 나사 회의에도 참석했다. 당시 제리 코브는 머틀 케이 케이글에게 다음과 같은 내용으로 엽서를 보냈다. "특별히 알려 줄 만한 새로운 소식은 아직

제리 코브와 다른 여성들이 우주 프로그램에 참여하기 위해 그들만의 전쟁을 벌이던 1961년 12월, 걸스카우트 잡지 《아메리칸 걸》은 "우주에 여성을 위한 공간은 많다"(E. K. 호퍼)라는 제목의 기사 서두에 케네디 대통령이 소녀들의 우주 프로그램 참여를 독려하는 메시지를 실었다.

없어요. 열심히 노력하고 있지만 결정이 계속 연기되고 있어서 새해가 될 때까지 기다려야 할 것 같아요."

나사는 제리 코브의 대화 상대로 하이든 T. 콕스Hiden T. Cox를 내세웠다. 그는 나사의 대외홍보팀 소속이었는데, 이는 바꾸어 말해 제리 코브가 겪고 있는 난관을 나사가 고작 홍보 문제로 다루고 있다는 뜻이었다. 결코 좋은 소식일 수 없었다.

그리고 불길한 기운은 이내 현실이 되었다. 하이든 콕스는 이런 글을 전했다. "향후 여성 우주 비행사들을 활용할 수도 있겠습니다만 그것이 언제가 될지, 미래의 어떤 프로그램에서 활용할지는 전적으로 별개의 문제입니다. 귀하의 주장을 청취한 분들이 귀하의 제안에 명시적으로 관심을 표시하고는 있지만 안타깝게도 현재로서는 여성을 위한 우주 비행사 훈련 프로그램을 추가할 수 없습니다." 나사는 제리 코브를 자신이 마땅히 있어야 할 자리를 잊은 채 졸라 대기만 하는 어린아이처럼 취급했다.

다음은 제임스 웨브 국장의 차례였다. 1961년 12월, 그는 자신이 선발한 '자문역' 제리 코브에게 다음과 같이 편지를 보냈다. "상황이 이러한 데다 귀하를 우리 프로그램에 참여시킬 만한 생산적인 관계를 발견하지 못한 지금, 귀하나 내가 염두에 두었던 자문 관계를 계속 이어 나가는 것에 어떤 장점이 있을지 의문입니다." 그의 메시지는 지시라기보다 제안에 가까웠다. 비록 나사에서 한 번도 연락해 온 적이 없다 해도 공식적으로 관계를 종료하기 전까지는 어쨌든 자신이 여전히 나사의 자문역이라는 점을 제리 코브는 인지하고 있었다. 그러나 갱신 시점이 되었을 때 계약은 간단히 종료되고 말았다.

제리 코브는 굴하지 않고 계속해서 입장을 표명했다. 케네디 대통령이 취한 공식적인 입장을 보아서는 제리 코브가 품었던 희망의 불씨가 꺼지지 않은 듯했다. 겉으로 드러난 대통령의 태도는 마거릿 와이트캠프가 나사의 막후에서 파악했던 남성의 강인함을 강조하는 분위기와는 완전히 상반되는 것이었다. 케네디 대통령은 '여러분에게 대통령이 전하는 메시지'와 같은 공식적인 호소문을 통해서 "남녀를 불문하고 청소년 여러분이 가진 저마다의 능력과 상상력은 환영할 만하며 이 중요한 영역에서 긴급하게 요구하는 것"이므로 우주 프로그램에 도전해 보라며 소녀들을 북돋웠다. 케네디 대통령은 젊음, 진보, 활기찬 미국을 지지하는 것처럼 보였다. 변화를 두려워하지 않는 미국. 바로 제리 코브와 연관된 특성이었다.

1962년 2월

나사가 후원하는 '여성의 우주 심포지엄'이 로스앤젤레스의 앰배서더 호텔에서 처음으로 개최되었다. 이 회의에서 제리 코브는 미국 최초의 여성 우주 비행사로 소개되었으며, 대중 앞에서 자신의 테스트 결과와 함께 다른 여성들의 테스트 결과를 널리 알렸다.

"우주 분야에서 경쟁은 금세 끝나지도 않고 또 쉬운 일도 아닙니다. 우리 모두가 참여해야 하는 경쟁입니다. 앞으로 나아갑시다. 그러면 여성을 위한 공간을, 우주를 찾을 수 있습니다!"

제리 코브는 대중 연설에서 뛰어난 실력을 발휘했지만 진짜 싸움터는 워싱턴이었다. 최종 결정은 결국 그곳에서 내리기 때문이었다. 그리고 워싱턴 정가政街에 일가견이 있는 사람은 제인 하트였다.

제인 하트는 예정되었던 펜서콜라에서의 테스트가 취소되었을 때 몹시 화가 났다. 그녀는 수줍음 타는 심약한 사람이 아니었다. 어려서부터 자신의 신념을 위해 투쟁하는 사람으로 자랐다. 그리고 이 모든 사달은 이미 여권 침해라는 정치적 이슈로 확대되었다고 굳게 믿었다. 도대체 왜 여성들은 팀 스포츠에 참여하거나 자동차를 빌릴 수 없고, 은행에서 주택이나 사업 자금을 대출받을 수 없는가? ……그리고 왜

'머큐리 세븐' 우주 비행사인 앨런 셰퍼드와 도널드 디크 슬레이튼.

우주 비행사가 될 수 없는가? 제인 하트는 여성들이 항공 분야에 진출하기 위해 여전히 자신만의 싸움을 벌이고 있는 현실을 잘 알고 있었다. 그녀는 "항공 시대를 맞이한 이래 지난 50년 동안 여성들이 자신이 기여할 수 있는 동등한 기회를 얻고자 노력해 왔던 것처럼 우주 시대에도 우리는 투쟁하고 결국 승리할 것입니다"라고 쓰기도 했다.

'머큐리 세븐' 우주 비행사인 앨런 셰퍼드와 도널드 디크 슬레이튼은 훗날 함께 쓴 책 『달 탐사선 발사 — 달을 향한 미국의 경쟁 비화』 Moon Shot: The Inside Story of America's Race to the Moon에서 여성 우주 비행사에 대한 자신들의 생각을 피력한 바 있다. 그들은 우주 비행사라면 갖추어야 할 몇 가지 자질을 나열한 뒤 "그리고, 두말하면 잔소리지만 여성은 사절"이라고 덧붙였다.

제인 하트와 제리 코브는 '도대체 이 여자들은 자신을 뭐라고 생각하는 거야?'라는 태도야말로 자신들이 마주하고 있는 진정한 상대임을 잘 알고 있었다. "우주 처녀들,"Space gals "우주 비행사 아가씨들,"Astronettes "우주 인형들"Astrodolls. 언론은 이런 이름으로 그들을 불렀다. '머큐리 세븐'이 '적합한 자질'을 갖추었음은 이미 온 세상이 다 아는 일이었다. 그리고 출신이 같은 훨씬 더 많은 남성들이 그들의 발자취를 기꺼이 따라갈 준비가 되어 있었다. 도대체 여성이 왜 필요하지? 일의 진척을 더디게 하고, 엉망으로 만들고, 방해하는 것 말고 여성이 무엇을 할 수 있지?

이런 분위기 속에서도 제인 하트는 전혀 기죽지 않았다. 미시간주 상원의원인 필립 하트Philip Hart의 아내로서 제인 하트는 워싱턴 정가에서 요령을 터득했고 정치권의 생리에 빠삭했다.

제인 하트는 먼저 상원과 하원의 우주 관련 소위원회 구성원 모두에게 편지를 썼다. 그녀는 우주 비행사의 자격 요건 중 하나인 제트기 시험비행 조종사가 될 수 있는 것이 오로지 군대 내 남성들뿐이라는 현실을 지적했다. 거대 조직은 단순히 기존의 관행을 따르는 것만으로도 차별적 행위에 가담할 수 있음을 제인 하트는 잘 알고 있었다. 아울러 대중이 관료들에게 의문을 제기하고 그러한 상황이 언론의 주목을 끌 수 있다면 이러한 관행도 시험대에 오를 수 있다는 점 역시 잘 알고 있었다.

제인 하트는 여성을 대상으로 하는 테스트가 재개되도록 지치지 않고 탄원했다. 그리고 마침내 적합한 조력자를 찾아냈다. 린든 B. 존슨 부통령의 보좌관인(그리고 여성으로서는 최초의 부통령 보좌관인) 리즈 카펜터Liz Carpenter였다. 린든 존슨은 부통령으로서 미 국가항공우주위원회National Aeronautics and Space Council 위원장을 겸하고 있었다. 리즈 카펜터 보좌관을 통해 제인 하트와 제리 코브는 나사를 쥐락펴락할 힘을 가진 최고 권력자에게 접근하게 되었다.

제인 하트는 리즈 카펜터를 위해 상황의 핵심을 빠르게 짚으면서,

자신들이 얼마나 훌륭하게 테스트를 완수했는지를, 그리고 나사가 필요한 서류를 해군에 제출하지 않아 펜서콜라에서 예정되었던 테스트가 갑자기 중단되었음을 전했다. 리즈 카펜터 보좌관은 여성 우주 비행사 후보들이 처한 곤란한 상황에 공감했다. 그러면서 린든 존슨 부통령의 주의를 환기하겠다며, 부통령이 제리 코브와 제인 하트를 만나 이 문제에 관해 논의해 줄지 한번 지켜보자고 제안했다.

부통령의 개입

이렇게 해서 제리 코브와 제인 하트는 자신들의 의견을 밝힐 다시없는 중요한 기회를 얻었다.

만남을 앞두고 리즈 카펜터 보좌관은 린든 존슨 부통령에게 간단히 브리핑하는 메모를 남겼다. 제리 코브와 제인 하트에게서 전해들은 바를 요약하고 자신의 의견을 덧붙였다. “제 생각에 부통령께서 제인 하트 부인과 제리 코브 씨에게 어떤 긍정적인 대답을 줄 수 있다면 언론으로부터 좋은 반응을 얻게 될 것입니다. 여성 우주 비행사들에 관한 이야기가 날이 갈수록 널리 회자되는 가운데 두 여성이 여기까지 찾아와 아무런 응원을 받지 못하고 빈손으로 돌아가는 일은 결코 바람직하지 않습니다.” 리즈 카펜터 보좌관은 부통령을 대신해서 제임스 웨브 나사 국장에게 보낼 편지 초안을 작성하고 다음과 같이 자신의 의견을 덧붙였다. “부통령께서는 첨부한 편지를 제임스 웨브 박사에게 보내실 요량이 있으신지, 그렇다면 두 여성이 떠나기 전에 편지 내용을 보여 주실 수 있는지요?”

린든 존슨 부통령을 대신해서 리즈 카펜터 보좌관이 작성한 서한은 첫 단락부터 다음과 같이 시작했다. “궤도 비행할 후보를 선발함에 있어 성별이 부적격을 판단하는 근거가 되어서는 안 된다는 데 귀하 역시 동의하시리라고 확신합니다."

리즈 카펜터 보좌관은 빈틈이 없었다. 린든 존슨 부통령을 위해서 모든 사항을 철저히 준비했다. 부통령이 할 일은 편지에 자신의 이름을 서명하고, 적절한 몇 마디 말을 전달하는 것뿐이었다.

하지만 그는 그렇게 하지 않았다. 그리고 여성 우주 비행사를 둘러싼 이 모든 이야기에서 가장 고통스러운 동시에 가장 현실을 잘 보여주는 갈래 하나가 부통령의 이런 결정에 내재되어 있었다. 전모는 수십 년이 지난 뒤에야 밝혀진다.

린든 존슨 부통령은 리즈 카펜터 보좌관이 작성한 편지를 읽고 아래쪽 여백에 커다랗게 적었다. "이제 그만 좀 합시다!" 이어서 "파일철할 것."

그리고 실제로 그대로 파일로 묶이고 말았다. 편지는 제임스 웨브에게 전달되지 않았다. 거의 40년 동안 린든 존슨 기록물 속에 남아 있다가 마거릿 와이트캠프가 『적합한 자질, 잘못된 성별 — 미국 최초의 우주로 간 여성 프로그램』Right Stuff, Wrong Sex: America's First Women in Space Program이라는 책을 쓸 당시 자료를 조사하는 과정에서 비로소 발견되었다.

린든 존슨 부통령은 화나 있었고, 제리 코브나 제인 하트, 그리고 다른 어떤 여성이든 우주로 날아갈 수 있는 가능성에 마침표를 찍기로 결정했다. 도대체 왜? 그는 왜 그렇게까지 이 사안을 염려했던 걸까? 린든 존슨은 대통령에 취임한 뒤 연방정부 산하의 각종 기관이 여성과 소수자에게 평등한 고용 기회를 적극적으로 보장하는 '차별 철폐를 위한 우대 조치'Affirmative-Action Plan에 서명했다. 보내지 못한 불운한 편지에 "이제 그만 좀 합시다!"라고 썼던 바로 그 사람이 말이다. 제리 코브는 당시 린든 존슨 부통령이 그런 결정을 내린 이유를 알고 있었지만 2007년까지 비밀에 부쳤다. 그해 5월 필자가 제리 코브를 만날 때까지.

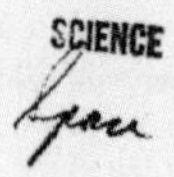

THE VICE PRESIDENT
WASHINGTON
March 15, 1962

Dear Jim:

I have conferred with Mrs. Philip Hart and Miss Jerrie Cobb concerning their effort to get women utilized as astronauts. I'm sure you agree that sex should not be a reason for disqualifying a candidate for orbital flight.

Could you advise me whether NASA has disqualified anyone because of being a woman?

As I understand it, two principal requirements for orbital flight at this stage are: 1) that the individual be experienced at high speed military test flying; and 2) that the individual have an engineering background enabling him to take over controls in the event it became necessary.

Would you advise me whether there are any women who meet these qualifications?

If not, could you estimate for me the time when orbital flight will have become sufficiently safe that these two requirements are no longer necessary and a larger number of individuals may qualify?

I know we both are grateful for the desire to serve on the part of these women, and look forward to the time when they can.

Sincerely,

Lets stop this now!

Lyndon B. Johnson

File

Mr. James E. Webb
Administrator
National Aeronautics and Space Administration
Washington, D. C.

이것이 바로 리즈 카펜터 보좌관이 초안으로 작성했던 편지다. 타자기로 작성한 편지 위에 린든 존슨 부통령이 여성 우주 비행사 프로그램에 관한 자신의 생각을 손 글씨로 남겼다. 제임스 웨브 나사 국장에게 발송되지 못한 이 편지는 린든 존슨의 뜻에 따라 그의 서류철에 끼워진 채로 40년 가까이 공개되지 않았다.

부통령
워싱턴
1962년 3월 15일

친애하는 제임스에게

제인 하트 부인, 그리고 제리 코브 양과 함께 여성 인력을 우주 비행사로 활용하기 위해 그들이 그동안 기울여 온 노력에 대해서 논의하였습니다. 궤도 비행할 후보를 선발함에 있어 성별이 부적격을 판단하는 근거가 되어서는 안 된다는 데 귀하 역시 동의하시리라고 확신합니다.

나사가 단순히 여성이라는 이유로 누군가를 결격 처리한 적이 있는지 여부를 내게 알려 주시겠습니까?

내가 이해하기로 현 단계에서 궤도 비행에 적합한 우주 비행사의 중요한 두 가지 자격 요건은 첫째, 고속 군용기를 시험 비행한 경험이 많아야 한다는 것, 둘째, 필요할 때 제어가 가능하도록 공학 기술 지식을 갖추어야 한다는 것입니다.

이상의 조건을 충족하는 여성 후보가 있는지 여부를 내게 알려 주시겠습니까?

조건을 충족하는 여성이 없다면, 이 두 가지 요건이 더 이상 필요하지 않고 보다 많은 사람들이 자격을 인정받을 정도로 궤도 비행이 충분히 안전해지리라고 판단되는 시점을 예측해서 알려 주시겠습니까?

우리 둘 다 국가에 봉사하려는 이 여성들의 열망에 감사하며 이들이 능력을 발휘할 수 있는 날이 오기를 고대하고 있다고 믿습니다.

린든 B. 존슨

이제 그만 좀 합시다!
파일 철할 것

나사 국장
제임스 E. 웨브 귀하
워싱턴 D.C.

제리 코브와 나는 위스콘신주 오슈코시Oshkosh에 있는 어느 호텔 로비에서 만났다. 진 노라 스텀보 제슨, 제리 슬론 트루힐, 머틀 케이 케이글, 버니스 비 스테드먼, 아이린 레버튼, 세라 거렐릭 래틀리, 레아 헐 월트먼도 함께 자리했다. 머큐리 서틴 중 남은 여덟 여성이 공로를 인정받아 오슈코시의 위스콘신 대학교에서 명예박사 학위를 받는 수여식을 마친 직후였다. 나는 제리 코브와 제인 하트가 린든 존슨 부통령과 만났을 때 그 사무실에서 무슨 대화가 오갔는지 듣고 싶었다. 매사에 신중하고 예의 바른 제리 코브의 성품을 익히 알고 있었으므로 그다음에 나온 얘기는 전혀 예상치 못한 것이었다.

제리 코브는 숨을 한 번 들이쉬고 살짝 고개를 저었다. 그런 다음 당시 린든 존슨 부통령이 자신을 바라보면서 이렇게 말했다고 전해 주었다. "제리 양, 당신이나 다른 여성들을 우주 프로그램에 포함시키면 우리는 흑인들도 받아들여야 합니다. 멕시코 출신 미국인이나 중국계 미국인까지 전부 인정해야 해요. 모든 소수자를 포함시켜야 하는데 우리는 그렇게 할 수 없습니다."

두 눈이 휘둥그레졌다. 듣고 있으면서도 내 귀를 믿을 수 없었다. 2007년 5월의 그날까지, 린든 존슨에게 불리한 증거라고는 **"이제 그만 좀 합시다!"**라는 메모가 담긴 편지 한 장이 유일했다. 충격이었다. 부통령이었던 남자, 이내 대통령으로 취임했던 이 사람은 여성들을 방해해 온 맹목적인 편견을 놀랍도록 간단하게 단 한 줄로 정리했다. 우주로 나아갈 수 없도록 여성들을 지상에 붙잡아 둔 것은 바로 편견이었다. 여성과 아프리카계, 히스패닉계, 아시아계 미국인들에 대한 편견.

"지금 하신 말씀을 인용해도 될까요?"라고 내가 제리 코브에게 물었다. 제리 코브는 망설였다. 천성이 누군가에 대해 부정적으로 언급하는 것 자체를 불편해하는 사람이었다. 린든 존슨과 만난 뒤 부통령에게 보낸 감사 메시지에서 제리 코브는 부적절했던 그의 말을 다만 다음과 같이 언급했다. "부통령님께서는 우주 비행사로서 대표되기를 원하는 소수집단을 언급하셨습니다." 이어서 여성은 사실상 소수집단이 아니라는 점을 지적했다.

그 시각 오슈코시의 호텔 로비에서는 저녁 뉴스가 방송되고 있었다. 우리는 제리 코브가 인터뷰하는 장면을 지켜보았다. 그리고 나는 두 번째로 들었다. 여성들을 허용한다면 소수집단까지 우주 프로그램에 참여시켜야 한다는 린든 존슨의 발언. 제리 코브는 깜짝 놀라며 내 다리를 쳤다. 자신이 인터뷰 중에 부통령의 발언을 공개했다는 사실을 잊고 있었던 것이다. "잘되었네요. 제 말을 인용해도 좋아요. 제가 이미 방송에서 말했으니 얼마든지 쓰세요!" 나는 그렇게 하겠다고 말했다.

결국 근본적인 원인은 그것이었다. 나사가 곧잘 내세웠던 제트기 시험배행 조종사여야 한다는 구태의연한 조건 뒤에는 편견이라는 단단한 벽이 있었다. 사실 제리 코브와 제인 하트가 린든 존슨과 만났을 그 무렵 남부 지역에서는 시민권 운동의 동력이 커지고 있었다. 이런 상황에서 인기 많고 존경받는 방송인이었던 에드워드 R. 머로Edward R. Murrow는 나사 국장인 제임스 웨브에게 다음과 같은 질문을 던지기도 했다. "최초로 유색인을 우주에 보내는 것은 어떨까요?" 그의 말대로 할 수 있었다면 인종 관계를 개선함에 있어 확실한 메시지를 보낼 수 있었을 것이다.

사실 제리 코브와 제인 하트의 싸움 상대는 여성이 있어야 할 곳은 가정이라는 태도만이 아니었다. 그들은 미국의 영웅이 반드시 백인이어야 한다는 편견에도 도전하고 있었다. 이제는 린든 존슨이 휘갈긴 메시지와 제리 코브의 기억이 모두 공개되었고 우리는 예의 편지를 직접 확인할 수 있다. 하지만 그 당시 정부 기관들은 속내를 드러내지 않으려고 매우 조심했고, 단지 규칙을 따르고 있을 뿐이라고 주장했다. 마거릿 와이트캠프는 저서에서 다음과 같이 지적했다. "(나사와 해군) 양 기관은 그들의 반대 의사를 문서로 기록하지 않으려 세심하게 주의를 기울였다……양 기관의 당국자들은 여성들의 관심사를 노골적으로 무시하는 것처럼 보이면 곤란하다고 생각했다."

린든 존슨 부통령이 리즈 카펜터 보좌관의 조언을 수용했다면, 여성들이 우주 프로그램에 참여했을 수도 있다. 하지만 린든 존슨이 다른 길을 선택함으로써 여성들의 앞을 막고 있는 거대한 장애물이 모습을 드러냈다. 그럼에도 이들을 단념시킬 수는 없었다. 부통령과 회동하고 며칠 뒤 제인 하트는 500여 명의 여성들 앞에서 연설했다. 청중의 한 사람으로서 제인 하트의 이야기를 들었던 여성이 존슨 부통령 앞으로 다음과 같은 편지를 보냈다. "우리는 금세기의 중요한 이 분야에서 여성이 제 역할을 해낼 수 있다고 믿기에 가능한 모든 방법으로 이 테스트 프로그램을 속행하기를 촉구합니다……우리가 할 수 있는 중요한 일들이 따로 있는데, 차나 마시고 브리지 게임이나 하면서 옆으로 물러앉아 구경만 하기보다는 좀 더 의미 있는 일을 하고 싶습니다."

부통령은 이 편지에 다음과 같이 답했다. "여성 우주 비행사에 관한 편지가 쇄도하는데, 이들 편지는 물론 귀하의 편지도 환영합니다…… 반드시 시험비행 조종사 학교를 졸업해야 합니다……모든 자격을 충족하는 여성이 지원한다면(아마도 조만간 그런 후보가 등장할 것으로 예상하고 있으며) 남성과 동등한 기회를 얻게 될 것입니다."

도돌이표였다. 붙박여 있는 장애물. 제트기 시험비행 조종사일 것.

여성도 제트기 시험비행 조종사가 될 수 있도록 허용하지 않는 한 "모든 자격을 충족하는 여성"이란 존재할 수 없었다.

많은 여성들이 린든 존슨에게 편지를 썼지만 답신은 모두 같았다.

이런 상황에서 워싱턴의 어떤 관계자도, 심지어 부통령조차도 최종 결정을 내리려고 하지 않았다. 그러는 사이 하원 의원들이 여성들이 내세운 명분에 관심을 갖기 시작했다.

과학및항공위원회 소속의 조지 밀러George Miller 하원 의원은 한번 조사해 볼 만한 사안이라고 생각했다. 그는 소속 상임위원장인 빅터 안푸소Victor Anfuso에게 연락했다. 제리 코브는 워싱턴으로 날아가 안푸소 위원장을 만났다. 그리고 6월에 우주 비행사 선정 자격을 주제로 특별 소위원회가 청문회를 개최한다고 발표했다. 청문회는 7월로 계획되었다.

특별 위원회의 청문회는 개인 사무 공간에서 진행되는 비공개 회동과는 차원이 달랐다. 제리 코브와 제인 하트는 자신들의 목소리를 낼 수 있는 기회를 얻었고, 나사는 그 자리에서 공식적으로 자신들의 입장을 분명하게 밝혀야 했다. 어쩌면 이 싸움은 그렇게 불공정하게만 진행되지는 않을지도 몰랐다.

8　이 프로그램을 이끄는 건 나란 말입니다!

1962년 7월 17일 오전 10시, 청문회

제리 코브와 제인 하트는 증인석에 착석했다. 청문회장은 사람들로 가득했다. 참관인이 일반석을 모두 차지했고, 각종 언론사 소속 기자들이 총출동했다. 제리 코브와 제인 하트의 맞은편에는 총 11명의 하원 의원이 그들의 증언을 듣기 위해 앉아 있었다. 그중 두 사람이 여성이었다.

빅터 안푸소 위원장은 청문회의 목적을 설명하고 개회를 선언했다. 그들이 이 자리에 모인 이유는 우주 비행사를 선발할 때 적용되는 자격 요건에 대해서 평가하고, 이러한 요건이 "남성 또는 여성이 생래적으로 가진 특성으로 인해 특정 성별에 자동적으로 자격을 부여하거나 사전에 배제하지는 않는지" 확인하기 위해서였다. 그런 다음 위원장은 제리 코브에게 발언권을 주었다.

제리 코브는 마음을 단단히 먹었다. 청문회를 앞두고 자신이 할 말을 연습했고, 어디에서 멈추어야 할지, 어디서 미소를 지을지, 준비해 온 연설문의 여백에 하나하나 메모해 두었다. 준비는 끝났다.

1962년 7월 하원 청문회에서 증언하는 제리 코브와 제인 하트.

"우리가 원하는 것은, 내 나라가 나아가고자 하는 미래의 우주에서 차별받지 않는 자리 하나입니다. 그뿐입니다. 미국 시민으로서, 과거의 여성들이 그랬듯이 새로운 역사를 만들어 가는 이 과정에 성심을 다해 참여할 수 있도록 기회를 주십시오."

오늘날의 시각에서 보면 지극히 합당하고 반론의 여지가 없는 주장이어서 어느 누가 여기에 동의하지 않을지 이해하기 어려울 수 있다. 그러나 1962년에는 남성과 나란히 이 나라의 영웅이 될 권리가 여성에게 있는가라는 질문에 대한 답이 모두에게 분명하지는 않았다. 제리 코브는 자신을 포함한 13명의 여성이 완수한 테스트에 대해서 설명했다. 참석하지 못한 11명의 다른 여성들에 대해서 간략하게 신원을 밝혔다. 이렇게 해서 후보 여성 13명의 정체가 처음으로 대중에 공개되었다.

보도석의 기자들은 맹렬히 기사를 써 댔다. 미국의 이곳저곳에 흩어져 살고 있던 나머지 여성 후보들의 전화기에 불이 나기 시작했다.

정부란 으레 재정 문제에 예민하기 마련임을 잘 알았던 제리 코브는 당시까지 여성들에게 세금이 한 푼도 사용되지 않았다는 사실과 함께 여성 인력을 활용한다면 나사가 상당한 비용을 절약할 수 있다는 점을 의원들에게 충분히 전달했다. 아울러 "남성에 비해서 여성은 상대적으로 단조로움, 외로움, 더위, 추위, 통증 및 소음에 덜 민감하다"는 사실을 입증하는 과학적인 자료가 있다고 알려 주었다. 제리 코브는 "성별 대결"을 벌이려는 게 아니라, 단지 "우주 탐험을 위한 연구에 일조하고 참여하기를" 바랄 뿐이라고 말했다.

발언 말미에는 "아직 여성을 우주로 보낸 나라가 없다"는 사실도 지적했다.★ 권력을 가진 사람들도 이런 사정을 잘 알고 있었다. 소련은 여성을 우주로 보낸다는 계획을 추진해 왔고 성공은 시간문제였다. 제리 코브는 그런 목적을

★ 1961년 4월 12일 소련의 남성 우주 비행사 유리 가가린이 지구 궤도를 돌아 인류 최초의 우주인이 되었다.

먼저 달성하는 것이 미국 입장에서 최우선 과제여야 한다고 말했다.

웃을 일이 아닌 문제

그다음의 전개 양상은 매우 불운했다. 완전히 잘못된 시간에, 잘못된 사람, 빅터 안푸소 위원장이 적절치 못한 농담을 던졌던 것이다. 제리 코브의 발언에 감사의 뜻을 전하며 빅터 안푸소 위원장은 이렇게 말했다. "현시점에서 우주 탐험을 시도하는 궁극적인 목적은 언젠가 다른 행성으로 '이주'하는 것이라고 말해도 무방할 겁니다. 그리고 그런 목적을 이루려면 여성의 참여 없이는 불가능하겠지요."

좌중에서 웃음이 터져 나왔다.

다음은 제인 하트의 차례였다. 여덟 자녀를 둔 어머니로서 강한 의지와 함께 재치도 넘쳤던 제인 하트가 바로 되받았다. "위원장님께서 행성 이주 언급에 이어 곧바로 저를 부르셨다는 걸 알아차릴 수밖에 없었다고 말씀드리고 싶네요."

그런 다음 제인 하트는 청문회 자리를 마련해 준 소위원회에 감사를 표했다. 제인 하트는 진짜 문제가 무엇인지 간파하고 있었다. 검토해야 할 것은 선발 기준이 아니라 그 이면의 태도였다. "지구를 벗어난 우주 세계를 남성에게만 허락해야 한다는 태도가 제게는 너무 터무니없어 보입니다. 우주가 무슨 남성 전용 클럽인가요?……지금 이 순간 어떤 말을 하든지 여기저기에서 무시하는 듯한 옅은 미소나 다소 우스꽝스러운 윙크를 보내오는 현실을 고통스럽게 인식하지 않으면서 자유롭게 자리에서 일어나 이 주제에 대해 진지하게 토론할 수 있는 여성은 아무도 없습니다. 하지만 이 위원회 소속의 의원님들처럼, 다행스럽게도 이 나라를 위해 이전에는 여성이 해낼 수 없다고 생각했던 역할을 성공적으로 수행할 수 있도록 돕는 남성들도 항상 있었습니다."

제인 하트는 남북전쟁 시대만 해도 여성이 병원에서 일한다거나 야전병원에서 병들거나 죽어 가는 사람을 보살피는 일은 상상조차 할 수 없었다는 점을 지적했다. 그러나 여성은 그 권리를 위해 싸워서 승리했고 수많은 생명을 구했다. "오늘날 우주 비행사가 되려는 여성들은 100년 전 야전병원의 여성 간호사나 의사만큼 터무니없는 존재로 여겨지고 있습니다."

제인 하트는 미국의 역사를 잘 알았고, 남성이 어떤 일을 하는지에 따라 여성이 기회를 얻을 수도, 그렇지 않을 수도 있는 현실을 잘 이해하고 있었다. 앞서도 살펴보았듯이 남자들이 전쟁에 나가 싸우는 동안에는 공장의 좋은 일자리가 여성에게 돌아갔다. 제인 하트는 반복되어 온 이런 양상이 타당하지 않다고 생각했다. "더 좋은 나라를 만들기 위해 여성이 온 힘을 다해 기여할 수 있는 기회가 오직 인력이 부족할 때에만 허용된다는 미국인들의 생각에는 기본적인 오류가 있다"고 제인 하트는 자기 생각을 밝혔다.

제인 하트의 웅변은 설득력이 있었다. 그녀는 교육에 관한 한 여성이 동등한 기회를 보장받아야 한다고 주장하면서, 달리 어쩔 도리가 없어 적당히 안주하는 것이 아니라 자기가 그런 인생을 선택한다는 전제하에서만, 소녀가 자라 가정주부가 되는 것이 잘못되지 않았다고 지적했다. "이제 우리는 현실을 직시해야 합니다. 학부모회에 참여하는 것으로는 충분치 않은 여성들도 많습니다."

제인 하트가 발언을 마치자 조명이 어두워졌다. 제리 코브는 테스트 당시에 촬영한 사진 몇 장을 보여 주었다. 지금까지 어떤 테스트가 진행되었는지, 그리고 취소된 테스트는 무엇인지를 소위원회가 이해할 수 있다면 다시 한번 논의가 재개될 수 있을 터였다.

어느새 화제는 제트기 시험비행 조종사 문제로 돌아갔다. 항상 논의의 진척을 막는 걸림돌이었다. 위원회는 현 상황을 완벽하게 파악하고 있는지 확인하고자 했다. 전쟁 중에는 WASP 소속 여성들이 군용기를 조종할 수 있었지만, 1944년 WASP가 해체된 후로 여성의 군용기 조종이 금지되었다. 여기에 더하여 잘 몰랐던 사실 하나가 소위원회 소속 의원들을 놀라게 했다. 소련을 포함한 다른 나라들에서는 이미 여성이 제트기 시험비행 조종사가 될 수 있었다. 제리 코브 역시 여성들이 나사에 바라는 바는 이 기준을 삭제해 달라는 것이 아니라는 점을 반복해서 강조했다. 여성들이 "그에 상응하는 비행 경험"을 가졌다는 점을 인정해 달라는 것뿐이었다.

지금까지 제리 코브와 제인 하트, 두 여성은 사실에 근거해서 자신들의 입장을 잘 설명했다. 여러분은 이 두 여성이 이기고 있다고 생각할지 모른다. 하지만 이제 전세가 뒤바뀔 참이었다. 이 드라마 전체에서 아직 무대에 오르지 않은 배우가 한 사람 더 있었기 때문이다. 이제 그녀의 시간이 되었다.

질의응답이 진행되는 동안 한 여성이 입장했다. 잘 차려입은 세련된 외모의 금발 여성. 청문회장으로 들어서는 그 모습에서 누구도 눈을 뗄 수 없었다.

제인 하트와 제리 코브의 입장 발표는 끝났다. 이제 세 번째 증인이 발언할 시간이 되었다.

빅터 안푸소 의장은 부끄러운 기색도 없이 열렬한 찬사와 함께 이 여성을 소개했다.

"명실상부한 세계 최고의 여성 조종사로서, 현존하는 이들 가운데 속도와 거리, 고도 부문에서 국내외 최다 기록을 보유한 재클린 코크런Jacqueline Cochran 여사를 소개하게 되어 매우 영광스럽습니다."

재클린 코크런에게 발언권이 돌아갔다. 그녀는 자신이 이룬 업적과 수상 내역을 상세하게 설명한 뒤 다음과 같이 본론을 얘기했다. "지금까지 우주 비행사 프로그램에서 여성에 대한 고의적인 또는 실질적인 차별은 없었다고 생각합니다."

원 스트라이크!

이 대목에서 재클린 코크런은 자신이 준비해 온 연설문을 계속 읊는 대신 제트기 시험비행 조종사가 수행하는 중요한 역할들을 하나하나 길게 설명했다. "대체로 즉흥적으로" 말하고 있다고 주장했지만 사실 재클린 코크런은 청문회를 앞두고 한 달 전부터 자신의 입장을 담아 신중하게 작성한 연설문을 여러 사람들에게 배포했다. 린든 존슨 부통령, 제임스 웨브 나사 국장, 로버트 피리 해군 중장을 비롯한 여러 관리들에게 그 사본이 전달되었다. 러브레이스 박사와 제인 하트, 진 노라 스텀보에게도 사본을 보냈다.

지엽적인 내용에서 본론으로 돌아와, 재클린 코크런은 자신의 이야기를 이어 나갔다.

"우주 비행사로서 봉사하도록 잘 훈련받은 경험 많은 남성 조종사 후보의 수는 전혀 부족하지 않습니다……."

투 스트라이크!

"전체 여성을 대표하지 않을 수도 있는 소수의 개인적인 능력에 의존하기보다는 일정한 규범이 확립될 수 있도록, 충분히 많은 여성들을 동시에 선발하지 않는 한 어떤 여성도 우주 비행사 훈련생으로 선발해서는 안 된다고 생각합니다."

스리 스트라이크!

린든 존슨 부통령과 그가 대변하는 편견 가득한 태도가 여성들을 가로막는 하나의 장벽이었다면, 재클린 코크런은 또 하나의 벽이었다. 도대체 왜? 미국에서 가장 위대하다고 평가되는 여성 조종사인 재클린 코크런은 왜 청문회장으로 걸어 들어와 그토록 깊은 상처를 남기는 증언을 했을까? 코크런은 여성의 성공을 원하지 않았던 것인가? 그렇지 않다면 도대체 왜?

어떻게 코크런이 그럴 수 있지?

사실 재클린 코크런은 이 모든 이야기의 도입부에서부터 복잡 미묘한 역할을 담당하고 있었다. '우주로 간 여성' 프로그램을 처음 시작할 때부터 러브레이스 박사는 테스트 진행에 필요한 자금의 상당 부분을 러브레이스 재단 이사장인 플로이드 오들럼Floyd Odlum과 그의 아내 재클린 코크런에게 의지했다. 이 부부는 러브레이스 박사와 가까운 친구 사이였고, 러브레이스 박사는 재클린 코크런의 주치의이기도 했다.

그런데 1960년 11월부터 재클린 코크런이 '우주로 간 여성' 프로그램에 개입하기 시작했다. 당시 그녀는 러브레이스 박사가 자신에게 리더 역할을 맡길 것이라고 기대하며, 프로그램 운영에 관한 제안을 상세하게 적어 박사에게 보냈다. 당연하게도 재클린 코크런이 제안한 사항 중 하나는 테스트 대상 후보의 연령 요건을 변경하는 것이었다. 기존의 나이 제한이 적용되는 한 재클린 코크런은 테스트에 참여할 수 없었다.★

러브레이스 박사는 자기 선에서 조용히 재클린 코크런의 지시를 무시했다. 친구와 다투고 싶지 않았던 것 같다.

그러자 재클린 코크런은 새로운 전술을 시도했다. 스스로를 테스트 대상으로 간단히 상정한 뒤, 일정만 조정하면 되는 문제인 양 자신이 언제 테스트를 받을 수 있는지 알리는 메모를 여러 차례 박사에게 보냈다. "월요일에 그 자전거 테스트를 받을 수 있습니다." 이어 "월요일 아니면 화요일 오전에 박사님이 염두에 두고 있는 몇 가지 테스트를 받을 수 있습니다." 하지만 이런 교묘한 압박에도 재클린 코크런은 자신이 원하는 바를 얻지 못했다.

격분한 재클린 코크런은 자신이 지원했던 자금을 회수하겠다며 협박했다. 세

★ '머큐리 세븐' 선발 당시 나이 기준은 40세 미만이었고, '머큐리 서틴'의 경우 가장 어린 월리 펑크가 21세, 최고령인 제인 하트가 41세였다. 청문회 당시 재클린 코크런은 이미 50대 중반이었다.

재클린 코크런은 음속 장벽을 돌파한 최초의 여성 조종사였다. 코크런의 비행기 옆에 서 있는 남성은 그녀의 친구이자 음속 장벽을 최초로 돌파한 조종사로 유명한 척 예거(Chuck Yeager)이다.

라 거렐릭은 러브레이스 클리닉에서 테스트를 받던 중에 박사에게 흥분하여 고함을 지르는 재클린 코크런을 우연히 목격했다고 한다. 러브레이스 박사는 자신의 입장을 굽히지 않고 재클린 코크런에게 나이와 과거 병력 때문에 후보가 될 수 없음을 분명히 했다.

둘 사이의 마찰은 가라앉지 않았다.

어느 날 러브레이스 클리닉에 들른 재클린 코크런은 자신이 제안한 후보 명단에 없던 여성들이 테스트를 받는 모습을 보고 더욱 화가 났다. 자신이 중요한 결정에서 소외되는 상황을 도저히 참을 수 없었다. 게다가 러브레이스 박사가 제리 코브에게 특별한 관심을 기울인다는 사실이 매우 못마땅했다.

재클린 코크런은 언론의 관심이 제리 코브에게 집중되는 데에도 분개했다. 《라이프》와 《타임》에 제리 코브에 관한 기사가 실린 후, 재클린 코크런은 자신이 직접 선택한 쌍둥이 자매 재닛과 매리언 디트리히에 관한 자료를 《퍼레이드》에 제공하기도 했다. 헤드라인은 다음과 같았다. "우주로 간 여성 — 유명 여류 비행가는 6년 내에 여성 우주 비행사가 배출될 것이라고 예측.WOMEN IN SPACE: FAMED AVIATRIX PREDICTS WOMEN ASTRONAUTS WITHIN SIX YEARS. 기사 작성: 재클린 코크런." 여기서 유명 여류 비행가란 물론 자기 자신을 가리켰다. 러닝머신 위에서 뛰고 있는 재닛 디트리히의 사진이 첫 장에 실렸는데, 그 뒤로 클립보드를 손에 쥔 채 서 있는 권위적인 인물이 바로 재클린 코크런이었다. 그리고 꼼꼼하게 기사를 읽은 사람이라면 보다 많은 여성들의 참여를 독려하는 마지막 문장이 제리 코브를 겨냥한 공격임을 알 수 있었다. "여러분 자신이 그 이름값을 하는 '최초의 여성 우주 비행사'★가 될 수 있습니다."

재클린 코크런은 대중이 제리 코브를 여성 우주 비행사 후보들의 리더로 생각하는 상황이 끔찍하게 싫었다. 다른 12명의 여성 후보들이 제리 코브를 리더로 여기는 것도 원치 않았다. 1961년 7월, 재클린 코크런은 제리 코브를 제외한 나머지 후보 한 명 한 명에게 '우주로 간 여성' 프로그램에서 자신이 맡은 리더로서의 역할을 상세히 설명하는 편지를 보내기도 했다. "여성을 대상으로 적절하게 조직된 우주 비행사 프로그램을 추진하는 것이 좋은 일이라고" 믿었기에 교통비와 식사비를 자신이 모두 부담하고 있다고 밝혔다. 그녀는 모든 테스트를 완수하고 모두가 한데 모일 때까지 담배를 피우지 말고 최상의 신체 상태를 유지하며 인터뷰 요청에는 응하지 말라는 당부의 말까지 남겼다.

제리 코브를 향한 재클린 코크런의 이런 개인감정은 여러 차례 공개적으로 드러났다. 여성들이 펜서콜라 테스트의 실행 가능성에 대해 처음 통보받은 후에 재클린 코크런은 제리 슬론에게 펜서콜라로 갈 수 있는지 물었다. "네, 물론 갈 수 있어요. 하지만 날짜

★ 실제로 우주에 가지는 못했지만 오랫동안 제리 코브의 별명이었다.

가 언제로 정해졌는지 제리가 아직 알려 주지 않았어요." 제리 슬론이 이렇게 답하자 재클린 코크런은 냅다 소리 질렀다. "제리! 제리 코브는 이 일과 아무 상관이 없습니다. 내가 이 일을 책임지고 있어요!" 이에 제리 슬론이 1단계 테스트를 통과했다고 알려 준 사람이 제리 코브였다고 대답하자 재클린 코크런은 급기야 폭발했다. "이 프로그램을 이끄는 건 제리 코브가 아니라 바로 나란 말입니다!"

제임스 웨브 나사 국장이 제리 코브를 특별 자문역으로 임명한 사건은 재클린 코크런을 특히 자극했다. 어쨌든 당시 국제항공연맹Fédération Aéronautique Internationale, FAI의 회장은 제리 코브가 아닌 재클린 코크런이었다. 주목받아야 할 주인공은 코크런 자신이었다. 당시까지 언론의 스포트라이트를 즐겨 왔던 인물도 코크런 자신이었다. 기자들로부터 러브레이스 박사의 프로그램에 대해 질문을 받았을 때 자신이 아는 게 없다는 사실이 재클린 코크런은 너무 싫었다. 기자들은 으레 코크런이 모든 내용을 상세히 알고 있으리라고 여겼고, 그럴수록 그녀는 점점 더 러브레이스 박사와 제리 코브에게 화가 났다.

사실 로버트 피리 준장이 러브레이스 박사가 추진하는 프로그램에 대해서 알게 된 경위, 다시 말해 해군이 펜서콜라 테스트를 취소하기까지 일련의 사건을 촉발한 최초의 정보 제공자가 재클린 코크런이었다. 은밀하게 진행되었던 일에 대해 재클린 코크런이 공개한 적은 없다. 그럼에도 그녀가 피리 준장의 차에 동승한 날이 러브레이스 박사의 프로그램에 참여하는 여성들에게는 종말의 시작이었다.

겉보기에는 단순해 보이는 일련의 사건들 이면에는 여성의 우주 참여를 원치 않았던 앨런 셰퍼드나 디크 슬레이튼과 같은 남성들, 백인 남성이 아닌 사람들에게 우주로 가는 문을 열어 주기를 단호하게 거부했던 린든 존슨과 같은 정치인들, 그리고 부유하고 영향력이 크며 지극히 완강한, 자존심에 크게 상처 입은 한 여성이 있었다.

재클린 코크런이 청문회장에 들어섰을 때 이 모든 역사는 정점을 향해 가고 있었다. 그녀는 전적으로 제리 코브와 제인 하트의 반대편에 섰다.

뒤엎인 판세

증언에 이어 재클린 코크런은 기존의 러브레이스 프로그램과는 상이한 새로운 프로젝트를 전면적으로 제안했다. 대규모 여성 후보 그룹을 대상으로 장기간에 걸쳐 보다 천천히 조직적으로 연구를 시행한다는 내용이었다. 1961년 7월에 12명의 여성 후보에게 보낸 편지에서 언급했던 바로 그 계획이었다. 재클린 코크런은 어째서 대규모 집단을 대상으로 한 연구를 원했을까? 그녀는 "결혼이나 출산, 여타의 다양한 이유로" 여성 지원자들이 중도 포기할 가능성이 높다고 예상했다. 그리고 재클린 코크런은 자신이 구상한 프로젝트를 스스로 이끌겠다고 제안했다.

안푸소 위원장은 입장을 명확하게 밝혀 달라고 재클린 코크런에게 재차 요청했다.

"코크런 부인, 여성이 우주 프로그램에 참여해야 한다고 생각하십니까?"

재클린 코크런의 대답은 다음과 같았다. "먼저 연구가 선행되어야 한다고 확신합니다. 그런 다음에야 그 질문에 대답할 수 있습니다."

이로써 제리 코브와 제인 하트가 제기했던 본래의 논점에서 벗어나 재클린 코크런은 여성을 대상으로 하는 이전과 전혀 다른 프로젝트, 다시 말해 자신이 주도할 신규 프로젝트라는 새로운 국면으로 대화의 주제를 바꾸는 데 성공했다.

재클린 코크런은 제2차 세계대전 당시 WASP를 조직한 사람이었다. 당시의 재클린 코크런은 여성의 입장을 옹호하는 선구자였으며,

재클린 코크런은 복잡한 내면을 가진 인물이었다. 제리 코브에게 불리하게 증언했고 '머큐리 서틴' 여성들을 주저앉히는 역할을 담당하기는 했지만, 그녀는 명예롭게 WASP를 이끈 인물이기도 했다.

그녀 자신이 미국을 대표하는 여중호걸이었다. 다른 한편 놀라운 의지력으로 인생을 스스로 개척한 여성이기도 했다. 변변찮은 집안 출신인 재클린 코크런은 더러운 흙바닥에서 누더기를 걸치고 자랐다. 그녀의 가족은 여기저기 공장 주변을 떠돌며 근근이 생계를 이어 갔다. 살면서 이룬 모든 것이 코크런 스스로가 싸워서 얻은 결과였다. 태어나 베시 피트먼Bessie Pittman으로 불리던 소녀는 나이가 들자 새로운 인물로 거듭났다. 자신의 생물학적 가족과는 무관하다고 주장하며 본연의 정체성을 버리고 고향을 등지고 떠났다. 1929년 뉴욕으로 이주했을 때 베시 피트먼은 재클린 코크런으로 거듭났고 그 후 다시는 뒤돌아보지 않고 앞만 보며 나아갔다. 재클린 코크런은 자신이 옳다고 생각하는 대로 세상을 끼워 맞추기 위해 무슨 일이든 할 수 있는 사람이었다. 더불어, 자신이 전체 계획에서 확실하게 돋보이지 않는 한에는 여성이 우주로 가서는 안 된다고 생각했다.

사안을 지나치게 개인적이고 감정적인 문제로 만든 재클린 코크런의 이런 태도가 여성 일반의 어떤 특성을 반영하는 것일까? 그렇지는 않다. 사실 누군가 편견에 눈이 멀었다면, 그것은 전적으로 남성 중심의 조직인 나사의 구성원들이었다. 청문회 둘째 날에 진행된 증언을 통해서 이러한 실상이 매우 간단히 드러났다.

UNITED
STATES

9 모두 우리 남자들입니다

1962년 7월 18일 오전 10시

"오늘 우리는 설명이 필요 없는 미국의 영웅 두 분을 모셨습니다." 빅터 안푸소 위원장이 이날의 영예로운 손님들을 소개했다. 바로 '머큐리 세븐' 우주 비행사인 존 글렌과 스콧 카펜터였다.★ 거물의 등장이었다. 미국의 영웅들. 사실 이날은 나사 측에서 입장을 개진하기로 한 날이었는데, 나사는 당 기관이 배출한 가장 빛나는 두 별을 활용하여 소위원회를 눈부시게 밝히기로 작정했던 것이다.

나사의 우주선 및 비행 임무 책임자인 조지 로George Low가 먼저 나서서 우주 비행사가 되기 위한 자격을 하나하나 설명하는 것으로 증언을 시작했다. 그는 배분 가능한 테스트 장비가 충분히 많지 않아서 여성 대상의 테스트를 속행할 경우 기존 프로그램을 진행하는 데 지장이 생길 수 있음을 은연중에 내비쳤다. 요컨대 여성을 대상으로 하는 테스트가 계속된다면 마땅한 자격을 갖춘 남성 후보

★ 1962년 2월에 존 글렌이, 5월에 스콧 카펜터가 차례로 지구궤도 비행에 성공했다.

'머큐리 세븐' 우주 비행사인 스콧 카펜터(왼쪽)와 존 글렌이 우주캡슐 모형 앞에서 포즈를 취하고 있다. 두 사람 모두 청문회장에서 여성에게 불리하게 증언했다.

들을 훼방 놓는 셈이 되리라는 것이었다.

그 순간 청문회장에는 비록 발언권이 없어서 목소리를 낼 수는 없었지만 실상을 보다 잘 이해하고 있던 한 사람이 있었다. 감각 상실 수조에서 시행한 2단계 고립 테스트에서 제리 코브와 월리 펑크, 레아 헐을 도왔던 대학원생 조교 캐스린 월터스가 제리 코브를 지지하고자 청문회를 참관하고 있었다. 그녀는 펜서콜라의 시설에 직접 가 보았고, 그쪽 의사들과 대화도 나누었다. 그들은 어떤 결과가 나올지 궁금해하며 기꺼이 여성 후보들의 테스트 일정을 계획하고 있었다. 테스트를 중단시킨 로버트 피리 중장까지도 사적인 편지에서는 같은 취지로 말했었다.

스콧 카펜터는 여성 비행사들의 비행 경험을 제트기 조종과 견줄 수 없다고 일축했다. "자유형으로 두 배 거리를 수영한다고 해서 배영 선수 자격으로 시합에 참여할 수 있는 것은 아닙니다."

의도한 것인지, 아니면 그저 그렇게 들린 것인지 알 수 없지만 스콧 카펜터의 말에 존 글렌이 무례한 농담을 던지며 끼어들었다. 남자와 여자가 우주로 함께 날아간다면 각자의 업무에만 집중하기 힘들다는 통념을 십분 이용한 농담이었다. "우리가 몸담았던 프로그램에 더 적합하다고 할 만한 여성을 찾을 수 있다면 우리는 두 팔 벌려 그들을 환영할 것입니다."

청문회장 여기저기에서 웃음이 터져 나왔다.

존 글렌은 다음과 같이 말하며 재빨리 한 발 물러났다. "오후에는 가정으로 돌아가야 하므로 방금 제가 한 말은 기록에서 빼 주셨으면 좋겠습니다."

존 글렌은 언론이 너무 호들갑을 떨고 있다고 생각하며, 1단계 테스트를 통과했다고 해서 그 여성들이 어떤 자격을 얻었다는 의미는 아니라고 말했다. "매우 무례한 비유일지는 모르지만" 하고 그는 말을 이었다. "워싱턴 레드스킨스 풋볼 팀을 예로 들어 봅시다. 그들이 시즌

최초의 궤도 비행을 성공적으로 마친 뒤 영웅의 귀환을 축하하는 퍼레이드(플로리다주 코코아비치)에 주인공으로 참석한 존 글렌. 양 옆으로 케네디 대통령(왼쪽)과 레이튼 I. 데이비스(Leighton I. Davis, 오른쪽) 장군이 앉아 있다.

전에 실시하는 체력 검사는 우리 어머니라도 통과하실지 모릅니다. 하지만 그렇다고 어머니가 실제로 풋볼 경기에서 뛸 수 있을까요?"

수영과 풋볼에 빗댄 농담을 생각해 볼 때, 스콧 카펜터와 존 글렌도 앞뒤 가릴 것 없이 하고픈 말을 거침없이 쏟아 내는 보통의 남자들과 다를 바 없었다. 미국이 자랑하는 영웅들의 수준이 이 정도였다.

시험비행 조종사의 역설

그리고 돌고 돌아 다시 제트기 시험비행 조종사 문제로 돌아왔다. 드와이트 아이젠하워Dwight Eisenhower 대통령이 1958년에 처음 나사를 설립했을 때, 예비 우주 비행사에게 어떤 자격이 필요한가를 두고 열띤

토론이 벌어졌다. 탐험가나 등반가처럼 불굴의 용기를 증명한 사람들이어야 한다고 주장하는 이들도 있었다. 다른 누군가는 조종사가 가장 합리적이라고 제안했다. 종류는 다르지만 어쨌거나 우주 비행사는 일정한 종류의 기체를 우주로 쏘아 보내는 일과 관련이 있고, 조종사란 본디 비행할 수 있도록 훈련받은 사람들이기 때문이었다. 여기에 더하여 시험비행 조종사는 이전까지 그 누구도 조종해 본 적이 없는, 새롭게 설계된 항공기의 조종법을 익히도록 훈련받는다는 장점을 가지고 있었다.

충분히 일리 있는 주장이었다. 문제는 당시 제트기 시험비행 조종사는 그 정의상 남자 군인만 될 수 있었고, 여성은 애초부터 제외했다는 것이다. 따라서 예비 우주 비행사는 반드시 제트기 시험비행 조종사여야 한다는 조건을 고수하는 한, 여성은 자연스럽게 배제될 수밖에 없었다. 제트기 시험비행 조종사라는 자격 요건이 합리적이지 않다는 이야기가 아니다. 당시의 규칙에 따라 시험비행 조종사가 될 기회가 여성에게는 처음부터 주어지지 않았다는 것이 문제였다.

그렇다고 나사가 자체 규정을 항상 엄격하게 적용했던 것도 아니다. 규정에 따르면 우주 비행사가 되기 위해서는 학사 이상의 학위도 필요했지만, 학위가 없는 존 글렌은 해당 요건을 면제받았다. 그럴 의지가 있었다면 애초부터 제트기 시험비행 조종사가 될 수 없던 여성 조종사들을 평가할 다른 방법을 모색해 볼 수 있었을 것이다. 하지만 나사는 그렇게 하지 않기로 선택했다.

청문회에 참석했던 한 여성 의원은 제트기 조종사 규정이야말로 여성의 진입을 방해하는 "명백한 걸림돌"이라고 지적하기도 했다. 그리고 바로 그때, 존 글렌은 여성 대상의 테스트를 중단한 진짜 이유이자 부통령이 완고하게 거절했던 진짜 이유, 여성 비행사들을 겨냥한 농담의 저변에 깔린 진짜 속내를 드디어 입 밖에 냈다.

"제 생각에 이 문제는 결국 우리의 사회질서가 조직되는 방식에 관

1962년 7월 19일자 《데일리 오클라호먼》에 실린 짐 랭의 만평.

한 것이라고 생각합니다. 사실이 그렇습니다. 비행기를 몰고 나가 전쟁터에서 적과 싸운 것도, 그리고 전장에서 돌아와 항공기를 설계하고 조립하고 안전성을 테스트한 것도 모두 우리 남자들입니다. 여성은 이 분야에 속하지 않는다는 것이 엄연한 우리의 사회질서입니다."

남부 지역의 시민권 운동가들처럼 제리 코브와 제인 하트, 그리고 다른 후보 여성들은 이러한 기성의 사회질서가 바뀌어야 한다고 생각했다. 반면에 존 글렌, 스콧 카펜터, 조지 로, 린든 존슨과 같은 사람들은 변화를 향한 요구에 저항하기 위해, 기성의 사회질서를 고수하기 위해, 각종 규칙과 규정을 들먹이고 닫힌 문 뒤에서만 은밀히 모습을 드러내는 편견을 활용했다. 현상 유지를 바라는 목소리는 어느 분개한 여성과 힘을 합해 승기를 잡았고 덕분에 기성의 사회질서는 건재할 수 있었다.

소위원회에 소속된 한 의원이 다음과 같이 말했을 때 이러한 사실은 명백해졌다. "현재 우리가 우선시하는 프로그램이 인류man를 달에 보내는 것이기에, 마음씨 착한 숙녀분들께서는 인내심을 가지고 기다려 주십사 요청해야 하겠습니다. 먼저 우리의 목표를 완수한 후에 여성 우주 비행사를 양성하겠습니다."

여성이 긴장 해소에 도움이 된다는 둥, 장거리 여행에서 좋은 동반자가 될 것이라는 둥 시시한 우스갯소리가 간간이 튀어나올지언정, 청문회가 진행되는 과정에서 여성이 우주 비행사가 될 만큼 충분히 강하지 않다거나 똑똑하지 않다거나 능력이 없다고 감히 주장할 수 있는 사람은 없었다.

청문회는 여기서 중단되었다. 이렇게 아무 결론 없이. 다음 날로 이어질 예정이었던 세 번째 청문회에 대한 언급은 전혀 없었다. 안푸소 위원장은 유명한 우주 비행사를 보기 위해 얼마나 많은 어머니들이 자녀를 데리고 청문회장을 찾았는지를 강조하며 존 글렌과 스콧 카펜터에게 감사 인사를 전했다.

하나둘, 사람들이 청문회장을 떠났다.

모든 것이 끝났다.

우주는 남성들만의 것

제리 코브와 제인 하트는 현실을 믿기 어려웠다. 그들이 반박할 차례인 세 번째 청문회는 어떻게 되는 것인가? 제리 코브는 포기하지 않았다. 그녀는 청문회 기록에 포함되도록 어쨌든 자신의 소회를 제출했다. "우리는 본래 예정되었던 테스트를 완수하고, 테스트를 통과한 후보들을 대상으로 보다 엄격한 테스트와 우주 비행사 훈련이 이어지기를 요청합니다. 우리 여성들이 요구하는 바는 단지 우리가 '능력을 갖

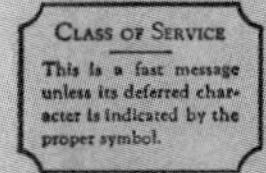

CLASS OF SERVICE
This is a fast message unless its deferred character is indicated by the proper symbol.

WESTERN UNION
TELEGRAM
W. P. MARSHALL, PRESIDENT

SYMBOLS
DL=Day Letter
NL=Night Letter
LT=International Letter Telegram

The filing time shown in the date line on domestic telegrams is LOCAL TIME at point of origin. Time of receipt is LOCAL TIME at point of destination

DEA435 KA418 JUL 18 PM 6 36

K OCD132 PD=WUX OKLAHOMA CITY OKLA 18 441P CST=
=BERNICE TRIMBLE STEADMAN=
12214 MCKINLEY RD MONTROSE MICH=

BREAK LOOSE NOW, THE DOOR IS OPEN, NOW YOU CAN HELP FURTHER OUR CAUSE. SUGGEST YOU CONTACT EVERYONE YOU CAN REQUESTING THEY WIRE PRESIDENT KENNEDY AT WHITE HOUSE, URGING IMMEDIATE PROGRAM FOR WOMEN IN SPACE. GOOD LUCK AND WE ARE ON OUR WAY., SITUATION LOOKS GOOD=
JERRIE COBB AEROCOM.

THE COMPANY WILL APPRECIATE SUGGESTIONS FROM ITS PATRONS CONCERNING ITS SERVICE

1962년 7월 18일에 제리 코브가 버니스 비 스테드먼에게 보낸 전보를 보면, 그녀가 여전히 기대를 버리지 않았음을 알 수 있다.

지금은 자유로워요, 문은 열려 있어요, 이제 당신이 우리의 명분을 키워 줄 수 있어요. 백악관의 케네디 대통령과 연결된 모든 이들에게 연락해 보고 '우주로 간 여성' 프로그램을 즉각 재개하도록 촉구해 주세요. 행운을 빌어요. 우리는 답을 찾아가고 있고, 상황은 좋아 보여요.

에어로커맨더의 제리 코브

1963년 6월 11일, 재클린 코크런을 나사 자문역에 임명하고 서약을 받는 제임스 웨브 국장.

추었는지,' '자격이 충분한지,' '반드시 필요한 인재'인지 여부를 증명할 수 있는 기회를 달라는 것입니다."

하지만 재클린 코크런은 마지막 결론을 내리는 사람이 제리 코브인 것이 못마땅했고 이를 가만히 두고 보지 않았다.

재클린 코크런 역시 기록을 위해 자신의 의견서를 제출했다. "첫째, 현재는 물론 여태껏 우주로 간 여성 또는 여성 우주 비행사 프로그램은 존재한 적이 없습니다. 둘째, 현재까지 머큐리 우주 비행사 테스트를 통과한 여성은 한 명도 없습니다. 여기에 대해서는 러브레이스 박사의 증언을 확보했습니다. 예의 그 테스트는……우주 비행사나 예비 우주 비행사의 적격 여부를 평가하는 것이 아닙니다." 재클린 코크런은 계속해서 여성들을 나무라듯이 썼다. "이러저러한 이유로 여성들은 항공 분야의 매 단계에서 남성들에 비해 언제나 약간씩 뒤처져 왔습니다. 여성들은 이러한 지체를 현실로 받아들여야 하며, 이런 일로 공적 기관을 귀찮게 해서는 안 된다고 생각하는 바입니다."

항공사학자인 데버라 더글러스Deborah Douglas는 훗날 당시의 상황을 다음과 같이 요약했다. "제인 하트가 청문회를 개최할 정도의 영향력을 가졌다는 사실은 중요하지 않았다. 재클린 코크런이 '우주로 간 여성' 프로그램을 속행하려는 여성들의 야심에 마침표를 찍을 만큼의 영향력을 가졌기 때문이었다."

한편, 제인 하트는 자신의 의견을 별도로 추가하지 않았다. 아마도 청문회에서 마주한 장벽의 글귀를 읽었기 때문이리라. 이후 그녀는 다음과 같이 썼다. "최근에 열렸던 의회 청문회에서 나사의 한 당국자는 13명의 여성 우주 비행사 후보를 포함할 경우 유인 달 탐사 프로젝트가 중단될 가능성이 있는가 하는 질문을 받았다. 대답할 자격이나 권한이 없었음에도 그 당국자는 '네!'라고 대답했다.(사실 조지 로가 했던 대답을 정확하게 인용하자면 "그럴 가능성이 매우 높습니다"였다.) 고작 13명의 여성이 투입되어 중단될 프로그램이라면 아무리 규모가

400억 달러에 달하더라도 속은 다 곪은 것이다. 우리나라를 위해서라도, 그의 대답이 치기에서 비롯한 것이기를 바라마지 않는다."

결국 소위원회가 제출한 청문회 보고서에는 나사가 정한 우주 비행사의 자격 변경에 관한 내용도, 여성을 대상으로 하는 펜서콜라 테스트의 재개를 권고하는 내용도 담기지 않았다. 때가 되면 여성을 대상으로 하는 테스트 프로그램이 마련되어야 한다는 내용은 있었지만, 세부 사항에 관한 모든 결정은 나사에 일임했다. 제임스 웨브 국장은 제리 코브를 대신하여 재클린 코크런을 나사의 특별 자문역에 임명했다. 하지만 코크런이 자문역이 되어도 영향력이 없기는 마찬가지였다. 나사가 인정하는 여성의 기회에 관한 한 아무것도 바뀌지 않았다.

1962년 말경에 출간된 한 잡지 기사에서 제인 하트는 자신의 증언을 반복하며 당시의 심경을 다음과 같이 토로했다. "이 광활한 우주 전체가 남성에게만 속한다는 것은 상상할 수 없는 일입니다."

제리 슬론 트루힐은 다음과 같이 말했다. "나사의 남자들은 우리와 함께하기를 원하지 않았습니다. 그것은 명확했습니다. 그들이 우리를 두고 한 말은 너무 모욕적이었고 비신사적이었습니다. 나사 관계자 한 사람은 여성을 우주로 보내느니 원숭이를 보내는 편이 낫다고 말하기도 했습니다."

그리고 다시 한번 언론이 개입했다. 여성 우주 비행사가 우주캡슐을 예쁘게 장식하는 장면을 묘사한 시사만화가 있는가 하면, 비행 중에 립스틱을 바르는 '우주 아가씨'를 묘사한 만평도 있었다. 그 와중에 여성의 관점에 동의하는 만평도 아주 없지는 않았다.

러브레이스 클리닉에서 여성 후보 테스트를 일부 담당했던 도널드 킬고어Donald Kilgore 박사는 훗날 여성들의 성실함에 대해 다음과 같이 언급했다. "눈에 띄는 특징은 여성이 남성에 비해 상대적으로 순응력이 뛰어나다는 것이었다. 여성들은 별로 불만을 토로하지 않았다. 7시에 잠자리에 들어야 한다는 말을 들으면 7시에 침대로 갔다. 잠자리에

1962년 7월 27일자 《데일리 오클라호먼》의 만평을 보면 짐 랭이 동향인 제리 코브를 지지하고 있음을 알 수 있다. 제리 코브가 들고 있는 피켓에는 "여성에게 '궤도 비행'할 '권리'를 달라!!"라고 적혀 있다.

들기 전에 관장을 하고, 일어나자마자 관장해야 한다는 말을 들으면 그대로 따라 주었다. 여성들은 이의를 제기하지 않았다. 지시를 따르지 못하는 이유를 이것저것 늘어놓는 법도 없었다. 한마디로 불평불만이 없었다."

러브레이스 박사의 테스트를 분석한 유일한 과학 논문이 뉴멕시코주에서 발표된 적이 있다. 1964년호 《미국산부인과학회지》American Journal of Obstetrics and Gynecology는 테스트에 대해서 거론하면서 월경주기 때문에 우주에서 여성의 업무 능력이 저하한다는 기존의 막연한 믿음이 사실로 확인되었다며 이론화했다! 반면에 캐스린 월터스는 자신이 제이 셜리 박사와 함께 진행했던 감각 상실 수조 테스트의 데이터를 보다 광범한 연구에 적용하여, 여성이 남성보다 고립 상태로 인한 스트레스에 더 잘 대응한다는 사실을 입증했다.

랜돌프 러브레이스 박사는 1964년 나사의 우주의학 책임자로 임명되었지만 안타깝게도 1년 후 비행기 추락 사고로 아내와 함께 세상을 떠났다.

적합한 자질, 잘못된 시대

1963년 6월 16일, 청문회가 끝나고 이듬해 여름에 발렌티나 테레시코바Valentina Tereshkova가 세계 최초의 여성 우주인이 되었다. 이번에도 소련이 한 발 앞섰다. 그러나 발렌티나 테레시코바는 조종사도, 과학자도 아닌 단순한 승객이었다.

제리 코브는 훗날 테레시코바를 만났던 때를 회상하며 이렇게 말했다. "제가 자신의 롤 모델이었다고 하더라고요. 저를 보자마자 맨 처음 꺼낸 말이, '우리는 당신이 최초가 될 줄 알았어요. 도대체 무슨 일이 있었던 거예요?'였습니다."

나사는 우주에서 여성을 배제했으므로 "도대체 무슨 일이 있었"는지를 설명할 필요를 느끼지 못했을 것이다. 대신 나사에서 다른 직책을 맡아 일하는 여성들이 많다고 발표했다. 하지만 나사가 여성을 대하는 저변의 태도는 우주 비행사 훈련 담당 장교인 로버트 보아스Robert Voas가 그해에 했던 어느 연설을 통해 만천하에 드러났다. 로버트 보아스는 이렇게 말했다. "언젠가 여성들이 우리가 추진하는 우주 비행 팀의 일원으로 합류하기를 모두가 고대하고 있습니다. 그런 때가 온다면 그것은 남성들이 우주에서 진정한 보금자리를 찾았다는 의미가 될 것입니다. 여성이 곧 보금자리이기 때문입니다." 다시 말해 여성이 있어야 할 장소란 여전히 부엌이라는 것이었다!

거의 우주 비행사가 될 수도 있었던 13명의 여성은 '적합한 자질'을 갖추었다. 문제는 그들이 여성이라는 것이었고, 잘못된 시대를 살고 있다는 것이었다. 그들은 '사회질서'를 바꿀 수는 없었다. 당장은 그럴 수 없었다.

18
USA
Millie Hughes-Fulford

19
Canada
Roberta Bondar

28
Collins

HE MERCURY 13
EMALE PILOTS WHO PAVED THE WAY

10 여성을 우주로 보낼 뜻이 없었습니다

자신의 항적 남기기

30년 넘는 세월이 흐른 뒤, 우주 비행사 스콧 카펜터는 1962년에 일어났던 일련의 사건들을 돌이키며 당시 상황에 대한 자신의 생각을 다음과 같이 요약해서 말했다. "나사는 여성을 우주로 보낼 뜻이 전혀 없었습니다. 결론을 내놓고 이런저런 변명을 생각해 냈습니다. 연구 데이터를 확보한 것은 좋은 일이지만 이 여성들은 시대를 앞서 태어났습니다."

"시대를 앞서"라는 이 표현이 문제의 핵심에 해당한다. 어째서 일단의 사람들에게 특정 시대가 옳거나 그른 것이 되어야 할까? 13명의 여성은 자신들에게 과분한 세계 안으로 억지로 밀고 들어가고자 애썼던 생무지들이 아니었다. 능력이 부족해서가 아니라, 충분히 강건하고 자격을 갖추었음에도 단지 여성이라는 이유로 존 글렌이 당시의 '사회 질서'라고 불렀던 그 무엇이 여성들 앞에서 기회의 문을 닫아 버렸던 것이다. 13명의 여성이 다양한 방식으로 세계 곳곳에 남긴 항적을 통

2007년 3월, 머틀 케이 케이글(왼쪽)과 월리 펑크가 오하이오주 클리블랜드에 소재한 국제여성항공우주박물관을 방문했다.

해 이들의 능력을 확인할 수 있다. 그들은 계속해서 비행기를 타고 하늘을 날았고, 자신이 속한 분야의 지평을 확장했다. 여성이란 어떤 존재인지, 그 진가를 드러내 보여 주었다.

월리 펑크는 그날 이후 50년 이상 비행을 계속했고 그 과정에서 여성을 위한 항공 분야의 발전을 도왔다. 1971년 여성 최초로 미국 연방항공청Federal Aviation Administration, FAA의 검사관이 되었고, 1974년에는 미국 연방교통안전위원회National Transportation Safety Board 최초의 여성 항공안전 조사관 중 하나로 임명되었다. 월리 펑크는 현재까지도 우주여행 희망자 명단에 이름을 올려놓고 있다.★ 우주여행에 대비한 훈련으로서 에드워즈 공군기지Edwards Air Force Base에서 아폴로 고정형 스페이스 시뮬레이터를 체험하기도 했다. 러시아의 스타시티★★에 가서 일주일 동안 우주 비행사 훈련을 받았고, 훈련센터에서 무중력 상태도 경험했다. 지금은 대학 강의와 비행 교습을 병행하고 있다.

펜서콜라 테스트가 취소되었을 때 제리 슬론은 이미 자기 회사를 운영하고 있었다. 사업에 다시 몰두하면서도 비행을 멈추는 법이 없었다. 결코 단순한 비행이 아니었고, 임무 중 일부는 매우 은밀하게 수행했다. 제리 슬론과 그녀의 새로운 동업자였던 조 트루힐Joe Truhill(이 둘은 훗날 결혼한다)은 자신들이 소유한 비행기를 이용해서 정부의 위탁을 받아 1급 기밀에 해당하는 적외선 카메라를 운송했다. 아울러, 제리 슬론은 국제여성항공우주박물관International Women's Air and Space Museum의 이사회 일원으로도 활동했다. 그녀는 우주나 항공 분야에서 여성이 차별받는 것을 목격할 때마다 언제고 소리 높여 항의했다.

제2차 세계대전 당시 WASP에서 활약했던 진 힉슨은 1957년 음속 장벽을 깬 네 번째 여성 조종사로 기록되었다. 덕분에

★ 2001년 미국인 사업가 데니스 티토(Denis Tito)를 시작으로 현재까지 국제우주정거장을 다녀온 우주 관광객은 모두 일곱이다. 월리 펑크는 우주여행 업체인 버진 갤럭틱(Virgin Galactic)에 일부 비용을 지불해 두었다.

★★ 유리 가가린 우주인훈련센터(GCTC)가 위치한 모스크바 인근의 우주 기지.

위: 1978년 진 힉슨은 공군 대령으로 승진했다.

아래: 제리 슬론 트루힐(오른쪽)과 비행 동료 마사 앤 리딩(Martha Ann Reading)이 출발에 앞서 비행기를 손보고 있다. 앤 리딩은 민간 공중초계부대 최초의 여성 중령이다.

"초음속 여교사"Supersonic Schoolmarm라는 별명을 얻었고 다시 학교로 돌아가 5학년 수학을 가르쳤다. 교직 생활 가운데 항공 관련 일도 이어나가 라이트-패터슨 공군기지Wright-Patterson Air Force Base에 소재한 항공우주의학연구소Aerospace Medical Research Laboratory에서 우주항법을 연구했다. 1982년 공군 예비군 대령으로 퇴역했고 1983년에 교직에서 은퇴했다. 이듬해에 세상을 떠났다.

아이린 레버튼은 60년 이상 비행을 계속했다. 1969년에 여성항공운송조종사협회Women's Airline Transport Pilots Association를 설립한 데 이어 여성파일론레이싱협회Women's Pylon Racing Association도 설립했다. 레버튼은 미국 연방항공청에서 14년 동안 조종사 시험관으로도 활동했다. 농약 살포기 조종사이자 기업체 계약 조종사로 활동하면서 비행 교습도 겸했다. 민간 공중초계부대Civil Air Patrol★에서 수색 활동에 참여했고, 에어 택시를 운영하는 한편 미국 산림청을 위해서도 비행했다. 아이린 레버튼은 다음과 같이 말한 적이 있다. "오랜 시간 조종사로 살기 위해서 많은 일들을 포기해야 했습니다. 저는 항상 모험을 찾고 있습니다."

진 노라 스텀보는 비치 에어크래프트Beech Aircraft사의 신형 기종을 조종하면서 자신만의 '꿈의 직업'을 찾았다. 청문회가 진행되던 당시 그녀는 신형 비행기로 3개월간 48개 주를 누비는 긴 여행을 앞두고 있었다. 그 직후 밥 제슨Bob Jessen과 결혼하여 새 가정을 이룬 뒤 비치 에어크래프트 대리점을 차렸다. 진 노라 스텀보는 현재까지도 가능하면 언제든 비행과 경주를 계속하고 있다. 흔히 '파우더 퍼프 더비'Powder Puff Derby로 알려진 최초의 여성 크로스컨트리 비행 경주에 관한 책을 썼고, 현재는 두 번째 책을 준비하고 있다.★★ 진 노라 스텀보는 아이다호 항공 명예의 전당Idaho Aviation Hall of Fame과 나인티나인스 여성조종사박물관의 설립을 도왔고 과거 '나인티나인스' 조직의 회장을 역

★ 미 공군을 보조하는 준군사적 자원봉사단체로서 의회가 위임하는 긴급 구조, 수색 및 구조, 재난 구호 등 세 가지 주요 업무를 수행한다.

★★ 2014년 『어밀리아가 맞았어』(Amelia Was Right)를 출간했다.

위: 진 노라 스텀보 제슨은 현재까지도 가능할 때마다 비행을 계속하고 있다.

아래: 2001년 미시간 대학교에서 우주 비행사를 꿈꾸는 여성 공학도들을 만나 강의한 제인 하트(왼쪽)와 버니스 비 스테드먼이 시험비행기 옆에서 포즈를 취하고 있다.

임했다.

버니스 비 스테드먼 역시 나인티나인스의 회장을 역임했다. 그녀는 비행을 계속하며 미시간주에서 수년간 항공 사업체를 운영했다. 여성이 참여하는 모든 주요 항공 경주에서 우승했으며, 조종사로서 자신의 삶을 회고한 책 『발이 묶인 머큐리』Tethered Mercury를 출간했다. 또한 국제여성항공우주박물관의 공동 창립자로서 관장도 역임했다.

매리언과 재닛 디트리히는 어려서부터 모든 것을, 심지어 비행 교습을 받기 위해 저축하는 일까지 함께 했다. 어른이 되어서는 항공 분야에서 자신들만의 길을 개척했다. 매리언 디트리히는 작가였고 《타임》이나 《샌프란시스코 크로니클》San Francisco Chronicle지에 비행과 관련된 기사를 제공했다. 매리언 디트리히는 1974년 세상을 떠났다. 재닛 디트리히는 여성 최초로 전세기 기장이 되었다. 월드 에어웨이스World Airways사가 그들 소유의 여객기 조종사가 되는 것을 불허하자 차별을 이유로 소송을 걸기도 했다. 재닛 디트리히는 2008년 세상을 떠났다.

머틀 케이 케이글은 계속해서 비행 교관으로 일하며 민간 공중초계부대 소속의 조종사로 활동했다. 그녀는 1996년까지 로빈스 공군기지Robins Air Force Base에서 공인 항공기 정비사로도 일했으며 2003년에는 조지아 항공 명예의 전당에 이름을 올렸다.

세라 거렐릭 래틀리는 공학 분야를 떠나 가족이 운영하는 사업체에서 회계 사무를 담당하다가 캔자스시티에서 연방정부 공무원으로 일했다. 그러는 동안 계속 비행을 이어 나갔으며, 국제여성에어레이스International Women's Air Race 대회는 물론 파우더 퍼프 더비 경주에도 6회 출전했다.

레아 헐 월트먼은 장기적으로 비행을 계속하지는 못했다. 그녀는 교섭 전문 의원으로 평생을 헌신했다. 교섭 전문 의원이란 조직에 고용되어 의회 운영을 위한 회의에 함께 참여하고 규칙을 준수하도록 돕는 전문가를 말한다. 레아 헐 월트먼은 교섭 전문 의원으로서 일한 공로와 '머큐리 서틴'에 참여했던 경력을 인정받아 2008년 3월 콜로라도 여성 명예의 전당에 이름을 올렸다.

한편 제리 코브는 청문회 결과에 실망했고 마음이 상했지만, 그럼에도 타고난 긍정적 성격은 타격을 입지 않았다. 청문회가 끝난 직후 그녀는 제인 하트와 함께 〈투데이〉라는 방송 프로그램에 출연하여 대중에게 자신들의 주장을 알렸다. 그해 가을 제리 코브는 기쁘게도《라이프》특집호에서 선정한 '미국에서 가장 유력한 젊은 남녀 100명'에 포함되었다. "차세대"Take-Over Generation라는 제목을 단 9월 14일자 특집호에는 해당 기사가 여섯 쪽에 걸쳐 연감처럼 수록되었는데, 극작가, 금융인, 외과의사, 건축가, 학자, 운동선수, 예술가 등 각계각층을 망라한 유력 인사 100명의 사진 및 그들이 이룬 업적, 선정 이유가 실렸다. 제리 코브는 "미국의 여성 우주 비행사 후보 13명 중에 첫 번째가 될 가능성이 높은" 사람으로 소개되었다. 21세기적 관점에서 볼 때,《라이프》가 선정한 인물 명단은 동시대의 편견을 고스란히 반영하고 있다. 이들이 선정한 100명 중 93명이 백인이었고 그중 91명이 남성이었다. 새로운 세대 전체를 조감하는 인물들이라고 소개하면서도 마틴 루서 킹 주니어 박사도 포함하지 않았다.

지극히 영적인 사람인 제리 코브는 세상을 뒤흔드는 데 있어 제 몫은 다했다고 느꼈다. 제리 코브가 추구했던 최우선 목표는 비행사로서 자신의 삶을 통해 의미 있는 방식으로 세상에 기여하는 것이었다. 그녀는 남아메리카로 날아가 아마존 열대 우림에 살고 있는 인디오들에게 수십 년 동안 음식이나 의약품과 같은 생필품을 전달했다. 이러한 노력을 인정받아 1981년 노벨평화상 후보에 지명되기도 했다.

1998년, 제리 코브는 나사에서 노화 과정에 대한 연구를 진행하면서 당시 77세가 된 존 글렌을 다시 우주로 보내는 문제를 고려하고 있다는 소식을 접했다. 그녀는 정글을 떠나 워싱턴 D.C.로 돌아왔고 우주로 갈 수 있는 기회를 다시 한번 타진했다. "제리를 우주로"라는 캠페인이 확산되었고 캘리포니아주에서부터 오클라호마주에 이르는 여러 주의 상원의원들, 그리고 전미여성사프로젝트National Women's History Project, 전미여성기구National Organization for Women, NOW에 이르는 수많은 조직과 사람들이 지지를 보내 주었다. 전미여성기구는 진정서를 배포했고 당시 영부인이었던 힐러리 로댐 클린턴Hillary Rodham Clinton의 지지도 확보했다. 이번만큼은 받아 마땅한 기회를 제리 코브에게도 주자는 쪽으로 여론이 압도적으로 기울었다. 그럼에도 결국 우주로 보내진 것은 이번에도 존 글렌뿐이었다. 제리 코브는 남아메리카로 돌아갔고, 오늘날까지 그곳에서 자신의 시간 대부분을 보내고 있다.★

제인 하트는 어떻게 되었을까? 비행기와 헬리콥터 조종사, 여덟 아이의 어머니, 자신이 소유한 요트의 선장이었던 제인 하트는 열정이 넘치는 활동가였고, 설혹 자신을 지지해 준 남편의 정치 고문들을 긴장시키는 일이라고 해도 자신이 옳다고 믿는 명분을 위해 모든 것을 거는 사람이었다. 1967년 그녀는 미 국방부 청사 앞에서 베트남전쟁에 반대하는 평화 시위에 참여했고 수백 명의 다른 시민들과 함께 체포되었다. 재판 날짜에 맞추어 출두했을 때 수많은 기자들이 몰려왔다. 제인 하트는 시민 불복종 활동이 하원 청문회보다 훨씬 더 주목받는다는 사실에 실망을 금치 못했다.

그럼에도 우주 비행사와 관련된 청문회가 진행되면서 유명세를 탄 제인 하트는 새로이 부상하던 여권운동 지도자 베티 프리단Betty Friedan의 눈에 들었다. 베티 프리단은 1966년에 전미여성기구를 조직하면서 이 단체의 창립자 중 한 사람으로 제인 하트를 초빙했다. 이에 제인 하트는 흔쾌히 제안을 수락했고 자신의 고향인 미시간주와 워싱턴 D.C.에서 지부를 설립했다. 그녀는 리즈 카펜터 보좌관을 통해 미국 연방항공청 산하에 여성 자문단을 구성해 달라는, 당시에는 대통령이 된 린든 존슨의 요청을 받았다. 제인 하트는 버니스 비 스테

★ 제리 코브는 2019년 3월 세상을 떠났다.

드먼과 진 노라 스텀보 제슨의 뒤를 이어 항공에관한여성자문위원회 Women's Advisory Committee on Aviation를 이끌었다. 조종사로서, 어머니로서, 그리고 이제는 핵심적인 여권운동 활동가로서 제인 하트는 충만한 삶을 살았다. 이쪽 전선에도 해야 할 일이 산더미 같았다.

11 우리는 여성 승객이 아니라 여성 운전사를 보고 싶습니다

변화하는 '사회질서'

1973년 《미즈》Ms에 실린 기사에 따르면 "1967년, 우주와 직접 관련된 분야에서 석사 또는 박사 학위를 가진 17명의 여성이" 우주 프로그램에 신청했다고 한다. 하지만 신청은 받아들여지지 않았다. 여성은 여전히 우주 비행단에서 환영받지 못하는 존재였다. 어렴풋하게나마 여성과 우주 비행사를 연관시키는 유일한 이미지는 "우주 비행사에게 충분하다면 우리 가족에게도 충분합니다"라는 카피와 함께 포즈를 취하는 분말주스 '탱'Tang 광고의 여성 모델뿐이었다.

그러나 이를테면 자동차 대여, 대출, 팀 스포츠 가입 등 1960년대에 여성들이 할 수 없었던 많은 일들이 1970년대 들어서는 가능해지기 시작했다. 점점 더 많은 여성들이 공학과 과학 분야로 진출했고, 의대를 졸업하는 여학생 수는 기록적으로 증가했다. 1960년대에는 하원 전체를 통틀어 여성 의원 수가 고작 10명이었지만 1970년대에는 그 수가 31명으로 증가했다.(한편, 2008년에는 90명에 이른다.)

우주왕복선 챌린저호의 중간 칸에서 촬영한 미션 스페셜리스트 샐리 K. 라이드.

TV만 켜도 변화의 분위기가 확실하게 감지되었다. "우리 집 가장이 귀가했네요"라는 말로 남편을 맞이하는 아내가 등장하는 〈비버는 해결사〉류의 드라마는 사라졌다. 그 자리를 대신해서 자기 일을 가진 독립적인 독신 여성이 나와서 "스스로 해내겠다"고 다짐하는 〈메리 타일러 무어 쇼〉Mary Tyler Moore Show나 이혼하고 혼자 십대 딸들을 키우는 전문직 여성을 중심으로 이야기가 펼쳐지는 〈원 데이 앳 어 타임〉One Day at a Time과 같은 드라마가 등장했다. 미디어는 현실 세계에서 여성을 어떻게 보기 시작했는지를 반영했다.

그리고 그 현실 세계에서는 여성해방운동이 한창이었다. 1963년 베티 프리단이 『여성의 신비』The Feminine Mystique를 출간했고, 그녀의 책은 이내 베스트셀러가 되었다. 전미여성기구의 힘과 세력은 점점 커지고 있었다. 글로리아 스타이넘Gloria Steinem이 여성운동에 동참함으로써 새로운 세력이 더해졌다. 스타이넘은 1972년에 월간지 《미즈》를 창간했고, 매월 여성과 관련된 이슈를 실어 전국 단위로 배포함으로써 독자들에게 생각할 거리를 제공했다. 1978년, 동일 직종에 종사하는 남성에 비해 적은 임금을 지불함으로써 여성을 차별하는 행위를 금지하는 '동일임금법'Equal Pay Act이 15년 시한으로 발효되었고, 직장에서 변화를 일으키는 기폭제가 되었다.

하원 소위원회 청문회에서 존 글렌이 썼던 표현을 빌리자면 '사회 질서'에서 시작된 이러한 변화의 바람은 나사에도 영향을 미치기 시작했다. 1976년, 제트기 시험비행 조종사라는 자격 요건이 드디어 수정되었고, 나사는 우주 비행사 후보들이 프로그램에 참여할 수 있는 새로운 방법을 강구했다. 나사는 이제 우주 비행사의 유형을 두 가지로 나눈다고 발표했는데, 한편에 조종사가 있다면 다른 한편에는 미션 스페셜리스트Mission Specialist, 탑승 운용 기술자와 페이로드 스페셜리스트Payload Specialist, 탑승 과학 기술자가 있었다. 조종사가 되려는 경우에는 제트기 시험비행 경험이 "매우 바람직한" 것으로 평가되지만 나머지 다른 두 직책의 경우에는 전혀 필요하지 않게 되었다. 마침내 여성도 우주 비행사에 지원할 수 있는 길이 열린 것이다.

모두에게 열린 우주

그해 나사는 여성 지망자가 대폭 증가할 것이라고 예상했겠지만 실상은 그렇지 않았다. 여성이든 소수집단이든 별다른 반응이 없었다. 자격 요건이 변경되고 보다 많은 인력을 확보하기 위해 나사가 개방되었음에도 여성이나 소수자 들은 이미 차별적이라고 익히 알려진 기관에 지원하여 자신의 소중한 시간을 낭비하지 않기로 결심한 것 같았다. 이에 나사는 전국적으로 여성과 소수자 지원자를 모집하면서 "모두에게 열린 우주"라는 슬로건을 내세웠다.

〈스타트렉〉Star Trek 시리즈에서 우후라 중위를 연기했던 아프리카계 미국인 배우 니셸 니컬스Nichelle Nichols가 모집 캠페인에 등장했다. 이를 두고 마거릿 와이트캠프는 다음과 같이 평가했다. "혼성, 혼혈 우주 승무원이라는 비전을 제시해 달라는 요청을 받았을 때 나사 측이 내놓을 수 있는 최선의 사례가 허구의 캐릭터였다는 점을 주목할 만합니다. 어쨌든 성공적인 시도였습니다. (1992년 유색인 여성으로는 최초로 우주 비행사가 된) 메이 제미선Mae Jemison이 바로 이 캠페인에 고무되어 지원을 결심했던 것입니다."

1978년, 마침내 여성이 최초로 우주 프로그램에 참가하게 되었다.

라이드, 샐리, 라이드

샐리 라이드Sally Ride도 이들 여성 중 하나였다.

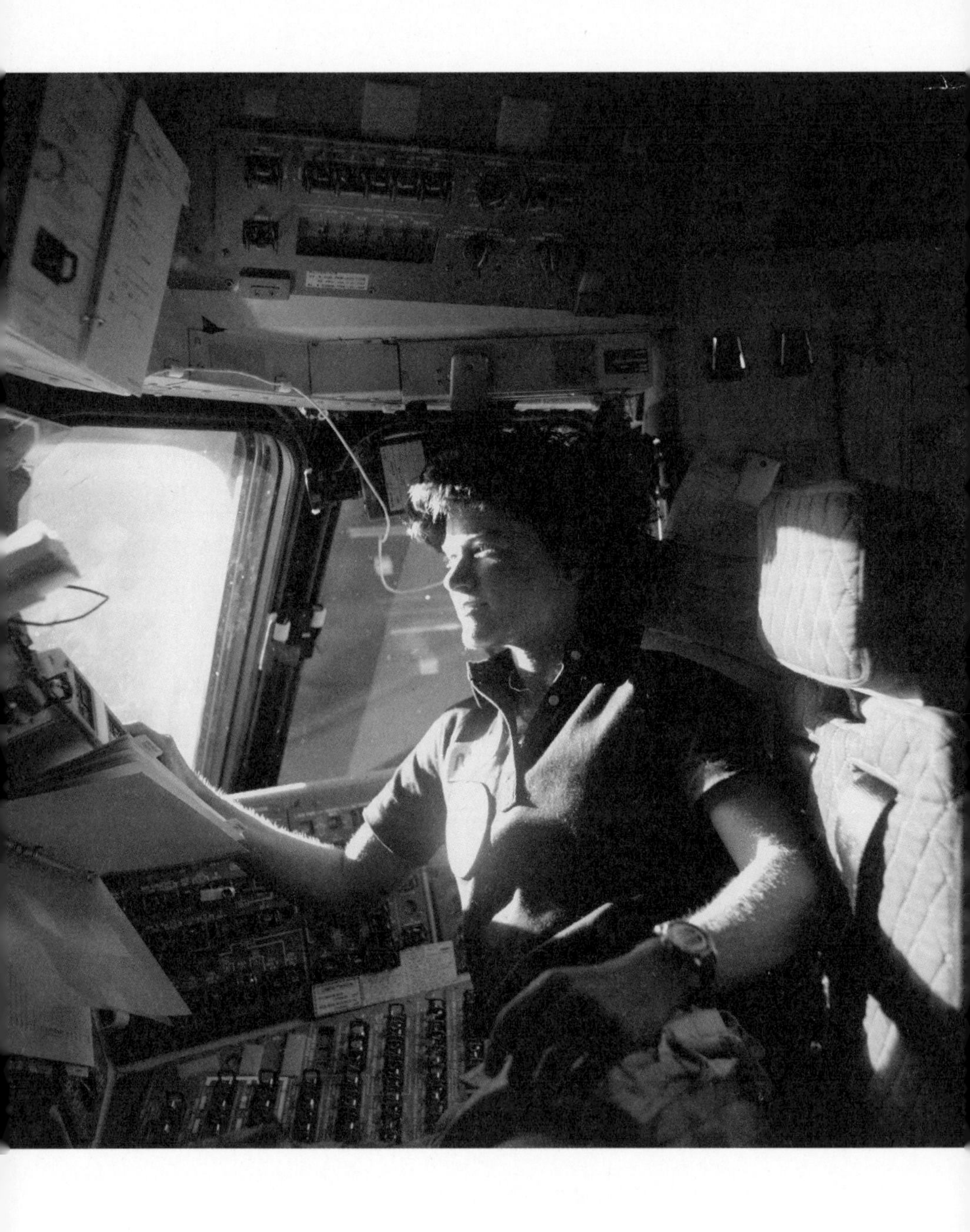

STS-7에 탑승하여 제어판을 점검하는 샐리 라이드. 비행 절차에 관한 책자가 그녀 앞에 떠다니고 있다.

또한 샐리 라이드는 20년 전과는 사뭇 다른 시각으로 여성을 바라보는, 제리 코브가 소녀였던 시대와는 달라진 나라에서 성장한 여성이기도 했다.

이 모든 변화는 1978년 당시 여성들에게 주어진 기회뿐만 아니라, 여성이 자신의 삶을 바라보는 사고방식에도 영향을 미쳤다. 샐리 라이드를 비롯하여 1978년 우주 비행사 강의에 참석한 여성들은 자라면서 단지 여자라는 이유로 많은 일들을 할 수 없다는 얘기는 들어 본 적이 없었다. 외려 이들에게는 꿈꾸는 것이 허용되었다.

그리고 샐리 라이드는 자신만의 꿈을 키웠다. 처음에는 프로 테니스 선수가 되고 싶었다. 샐리 라이드는 주니어 토너먼트 대회에서 전국 상위 순위를 기록하기도 했다. 항상 과학을 사랑했던 소녀는 스탠퍼드 대학교에 입학하면서 물리학과 천체물리학을 공부하기로 결심했다. 학업을 마칠 무렵에는 새로운 꿈을 갖게 되었다. 스탠퍼드에서 박사학위 과정이 끝나 갈 즈음 샐리 라이드는 나사가 우주 비행사 지원자를 모집하고 있다는 기사를 읽었다. "필요한 자격 요건을 확인한 뒤 말했습니다. '나도 이들 중 하나가 될 수 있어'라고요." 문이 열려 있고 자신은 충분히 그 안으로 들어갈 수 있다고 생각하며 살아왔다. "여성운동이 길을 닦아 준 덕분에 저는 그 길을 무탈하게 갈 수 있었습니다."

그리고 샐리 라이드는 꿈을 이루었다.

1983년 6월 18일 샐리 라이드는 미션 스페셜리스트로서 챌린저호에 탑승함으로써 미국 여성으로는 최초로 우주에 가게 되었다.

두말하면 잔소리지만 여성은 머나먼 길을 걸어왔다. 1978년의 우주 프로그램에는 총 8,079명이 지원했는데 그중 1,544명이 여성이었다. 최종 참여하게 된 35명의 우주 비행사 중에서 여성은 샐리 라이드 외에 섀넌 루시드Shannon Lucid, 주디스 레스닉Judith Resnik, 캐스린 설리번Kathryn Sullivan, 애나 피셔Anna Fisher, 마거릿 "레아" 세던Margaret "Rhea" Seddon까지 모두 여섯이었다.

1978년 6인의 여성이 미국에서 사상 처음으로 우주 프로그램에 참여하게 되었다. (왼쪽부터) 마거릿 R. 레아 세던, 캐스린 D. 설리번, 주디스 레스닉, 샐리 K. 라이드, 애나 L. 피셔, 섀넌 W. 루시드. 사진 속의 구체는 비상사태에 대비해 우주 비행사들을 다른 우주왕복선으로 운송하는 수단으로서 고안된 '레스큐 볼'(rescue ball)의 시제품이다. 실제로는 한 번도 사용된 적이 없다.

물론 이들 모두가 우주 비행사였지만, 앞으로 더 나아갈 여지는 남아 있었다. 우주 프로그램에 새롭게 도입된 직책인 '미션 스페셜리스트'는 과학자나 연구자 들이었다. 이들은 모든 훈련을 완수했지만 단 한 가지, 우주선 조종은 예외였다.

여섯 여성 중 어느 누구도 조종사로서 우주 프로그램에 지원하고 합격한 것은 아니었다. 함께 합격한 소수자(이들도 최초인 것은 마찬가지였다) 네 사람 중에도 조종사 등급은 없었다. 전원이 미션 스페셜리스트였다. 물론 그들이 이룬 업적을 폄훼하려는 의도는 전혀 없다. 다만 1961년 테스트에 참여했던 13명의 여성 중 일부는 이런 진전을 인상적인 일대사로 여길 수 없었던 까닭을 설명하려는 것이다. '머큐리 서틴'의 여성들은 모두 조종사였다. 그리고 이들은 여성 조종사가 우주 비행사가 되기를 여전히 간절히 고대하고 있었다.

언제나 그렇듯 제리 슬론 트루힐의 반응은 핵심을 꿰뚫었다. 물론 여성이 우주 프로그램에 참여하게 되었다는 사실만으로도 흥분되는 일이었지만, 그녀는 다음과 같이 말했다. "우리는 버스 뒷자리에 앉은 여성 승객이 아니라 버스를 모는 여성 운전사를 보고 싶습니다."

나사가 이들이 바랐던 획기적 단계까지 나아간 것은 그로부터 20년이 지난 뒤였다. 그러나 그 토대는 군대 내 인종차별이 금지된 1970년대 중반부터 마련되기 시작했다. 군대에서 먼저 여성을 허용하지 않았다면 나사에서 우주선 조종에 도전할 여군 시험비행 조종사는 탄생할 수 없었을 것이다. 새로운 길을 선도한 것은 해군이었다.

이 무렵 성평등 헌법 수정안Equal Rights Amendment, ERA이 통과될 가능성이 높았다. 이 수정안은 성별에 근거하여 권리의 평등성을 부정할 수 없다고 명시했다. 엘모 줌월트Elmo Zumwalt 제독은 이와 관련된 강제 규정이 제정되기를 기다리지 않고 선제 조치하기로 결정하고, 여성을 대상으로 비행 훈련을 시작하도록 해군을 독려했다. 그 결과 해군은 1974년에, 육군과 공군이 그 뒤를 이어 관련 규정을 정비했다. 갑작스럽지만, 여성도 이제 제트기 시험비행 조종사가 될 수 있었다.

이 길을 걸은 여성 중 하나가 아일린 콜린스였다. 러브레이스 박사의 테스트에 참가했던 그 여성들처럼 아일린 콜린스도 어린 시절부터 하늘을 날고 싶었다. 대학을 졸업한 뒤에는 공군에 입대했고 조종사가 되었다.

1999년 7월 23일

샐리 라이드가 처음 우주에 간 때로부터 16년이 지났다. TV에서 여성을 긍정적으로 묘사하는 일이 급증했다. 자기주장이 분명한 여성 뉴스 진행자가 주인공인 드라마 〈머피 브라운〉Murphy Brown이 방영되었고, 〈캐그니와 레이시〉Cagney and Lacey라는 드라마에는 두 명의 강인한 여성 형사가 등장했다. 시트콤 〈보스는 누구인가?〉Who's the Boss?에는 남자 가정부를 고용한 고위직 여성이, 〈프렌즈〉Friends에는 남자 셋과 더불어 자신의 삶을 알아 가는 젊은 세 여성이 등장했다. 한편, 당시에 개봉한 〈미스터 마마〉Mr. Mom라는 영화는 남편이 실직한 후 가장이 된 아내를 통해 성 역할의 반전을 보여 주었다. 하루아침에 아빠는 기저귀 처리를 맡고 엄마는 미국 경제계에서 분투하며 남성 상사를 능력으로 앞서는 장면이 등장했다.

이렇게 달라진 시대 분위기 속에서 우리 이야기의 첫 장면이 펼쳐질 수 있었다. 케이프커내버럴에서 아일린 콜린스가 우주왕복선 컬럼비아호의 왼쪽 좌석, 다름 아닌 조종석에 앉게 된 것이다.

그녀는 사령관이었다.

그녀는 이제 막 우주왕복선을 타고 날아오르려는 참이었다.

조종실에서 아일린 콜린스 사령관이 마지막으로 계기판을 확인하고 관제탑에 이상 없다는 신호를 주었다.

전 세계의 눈과 귀가 여성으로서는 사상 최초로 우주왕복선의 사령관이 된 아일린 콜린스를 향하고 있었다.

13명의 여성 중 일곱이 발사대가 마주 보이는 건너편 강변에 마련된 관람석에 앉아 이 광경을 지켜보았다.

일행과 다소 떨어져 서 있던 마지막 여성에게서는 슬픔이 묻어났다. 이번에도 홀로, 지극히 감동적인 이 순간을 혼자만의 시간으로 오롯이 지키고 싶어 하는 것 같았다. 제리 코브는 불안한 듯 서성였다. 카운트

최초의 여성 우주왕복선 조종사이자, 최초의 여성 우주왕복선 사령관이기도 한 아일린 콜린스.

1999년 7월 23일, 아일린 콜린스가 조종간을 잡은 우주왕복선 컬럼비아호가 하늘로 솟아오르고 있다.

다운에 들어간 시계가 발사 5초 전에 이르자 마침내 걸음을 멈추고 이슬에 젖은 잔디 위에 주저앉았다.

이번에는 발사가 지연되지 않았다.

로켓이 점화되었다.

기다란 화염 기둥이 나타났다.

너무 밝아 눈이 멀어 버릴 듯했다.

운집한 군중은 함께 고함을 지르기 시작했다. "더, 더, 올라가!"

그중 가장 우렁찬 목소리로 응원한 사람은 예의 여덟 여성들이었을 것이다. 아일린 콜린스를 응원하는 이 순간, 이 여성들의 함성에서는 순수한 기쁨이 느껴졌다.

귀가 멀 지경으로 엄청난 굉음을 내며 우주왕복선이 솟아올랐다.

마치 지진이 난 것처럼 땅이 울렸다. 불꽃이 반사된 바나나강의 수면에 엄청난 파도가 일어, 강물이 불바다처럼 보였다.

부스터 로켓이 우주왕복선으로부터 분리되었다.

그 순간 제리 코브가 벌떡 일어나 앞으로 나아갔다.

모두가 숨을 죽였다.

마치 침묵의 담요가 수많은 사람들의 머리 위를 덮기나 한 듯이 하나같이 경외감에 차 숨소리도 내지 못했다.

우주왕복선이 시야에서 완전히 사라질 때까지 사람들은 하염없이 하늘을 바라보았다. 저마다의 뺨을 타고 눈물이 흘러내렸다.

4년 전, 우주왕복선 최초의 여성 조종사로서 아일린 콜린스가 처음으로 우주를 향해 날아갔던 때에도 제리 코브는 이날과 비슷하게 지구가 흔들리는 것을 느꼈다. 당시에도 제리 코브는 발사대가 우주선으로부터 분리되는 광경을 지켜보았다. 맑은 밤하늘을 향해 힘차게 솟아오르는 모습을 지켜보았다. 당시 아일린 콜린스는 첫 우주여행을 제리 코브의 금색 머리핀과 함께 떠났다. 그 머리핀에는 제리 코브의 비행기와 삶을 상징하는 콜롬비아의 어떤 새가 그려져 있었다. 아일린 콜린스는 다시 한번 지상에 머물러야 했던 제리 코브의 바람과 꿈을 함께 싣고 우주로 솟아올랐다.

12 저 자신이 살아 있는 증거 같아요

하늘을 나는 여성들

'머큐리 서틴'에 관한 이야기를 읽고 이 여성들의 모험이 행복한 결말을 맺지 못했다고 생각하는 독자도 있을 것이다. 하지만 결승선을 어디로 설정하느냐에 따라 그 판단은 달라질 수 있다. 1962년의 여성들은 앞으로 나아가지 못하고 멈춰 서야 했다. 하지만 이들은 나사에 맞서 제트기 시험비행 조종사라는 규정이 파 놓은 함정을 폭로했고, 여성은 남성에 비해 스트레스 대처 능력이 떨어진다는 지레짐작을 바로잡았다. 그런 다음에는 샐리 라이드가 우주로 날아갈 수 있었고 아일린 콜린스는 우주왕복선의 사령관이 되기에 이르렀다. 오늘날 많은 여성이 우주로 날아가고 있다. 그럼에도 비행을 꿈꾸는 여성들은 여전히 편견과 싸우고 있다. 13명의 여성 개척자에 관한 이야기로부터 끊임없이 영감을 얻는 것도 이런 이유에서일 것이다. 이제부터는 현재까지도 풀지 못한 채 여성들이 직면하고 있는 몇 가지 난제, 그리고 새로운 변

2007년, 우주 비행사 페기 윗슨(Peggy Whitson, 오른쪽)이 최초의 국제우주정거장 사령관이 되었다. 사진 속 페기 윗슨은 10월 25일 국제우주정거장과 우주왕복선 디스커버리호 사이의 열린 해치에서 STS-120의 사령관 패멀라 멀로이(Pamela Melroy)를 만나 인사를 나누고 있다.

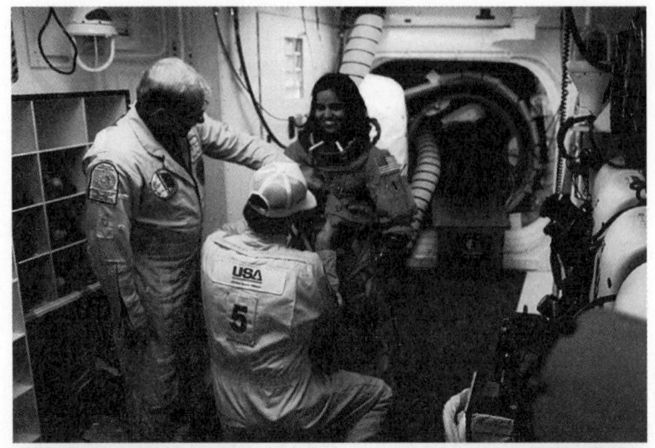

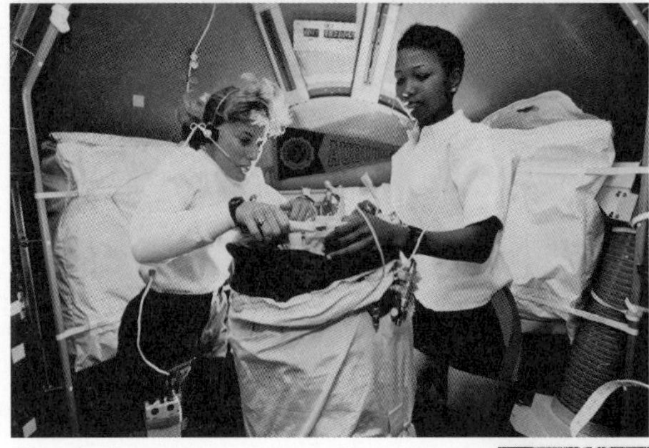

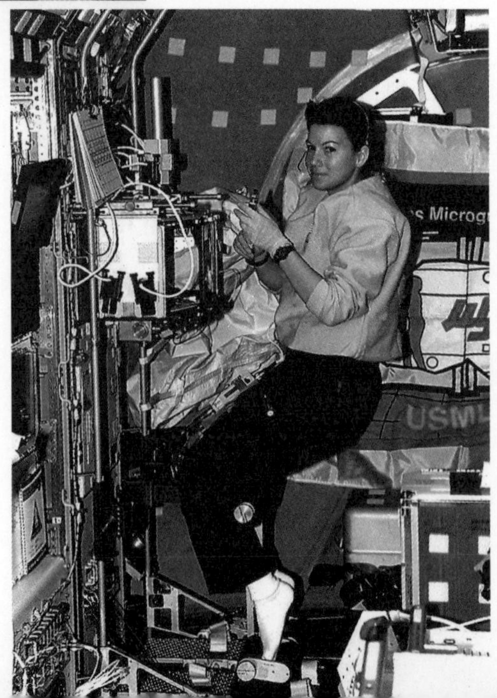

위: 컬럼비아호에 탑승하기에 앞서 우주복을 착용하는 칼파나 차울라(Kalpana Chawla).

가운데: STS-47에 탑승하여 작업 중인 잰 데이비스(Jan Davis, 왼쪽)와 메이 제미선.

아래: 컬럼비아호 우주 실험실의 사이언스 모듈에서 작업 중인 캐서린 콜먼.

디스커버리호의 로봇 팔에 두 발을 고정한 채 국제우주정거장 외부에서 작업 중인 수전 헬름스 (Susan Helms). 그녀는 2001년 3월에 최장 시간 '우주유영'을 기록했다.

은퇴한 우주 비행사 샐리 라이드가 고안한 '샐리 라이드 과학 축제'는 소녀들이 과학이나 수학, 기술 분야 등에서 자신만의 진로를 찾도록 격려하고 영감을 준다.

화의 양상에 대해 살펴보고자 한다.

2006년 7월, 우주왕복선 디스커버리호가 발사를 준비하고 있을 때 이 장면을 중계하던 CNN의 마일스 오브라이언Miles O'Brien은 긴 시간을 할애하여 깊은 존경심을 담아 남성 우주 비행사들이 저마다의 분야에서 이룬 업적과 전문 기술을 소개했다. 하지만 여성 승무원으로 순서가 넘어가자 그의 관심은 두 여성이 집을 떠나 있는 동안 자녀들이 어떻게 견디는지, 두 여성의 취미는 무엇인지로 옮겨 갔다. 스페이스닷컴space.com이라는 웹사이트 역시 두 여성의 취미 생활, 그리고 엄마의 임무에 대해 자녀들이 어떻게 생각하고 느끼는지를 다루었다. 우주 분야에 뛰어드는 모험을 감행한 남성에 대해서 다룰 때는 전혀 논의되지 않는 주제들이다.

오늘날 여성들은 전부는 아니라 할지라도 대부분의, 한때는 '남성적'이라고 여겨졌던 분야에서 활동하고 있기는 하지만 아직 갈 길은 멀다. 기술과 과학, 공학 관련 직군에서 여성이 차지하는 비율은 25%

에 불과하다. 과학에 대한 관심을 잃지 않도록 소녀들을 격려하는 것이야말로 우주 비행사와 같은 직업군에서 여성 수를 늘릴 수 있는 핵심 요인이다. 2005년 샐리 라이드는 다음과 같이 말하기도 했다. "오늘날 전체 우주 비행사의 약 25%가 여성입니다. 이 수치가 계속 증가하기를 바랍니다."

성별이라는 장벽을 계속해서 부숴 나가고자 샐리 라이드 자신도 최선을 다하고 있다. 그녀는 '샐리 라이드 사이언스'Sally Ride Science라는 회사를 창립했고 어린이들이 과학에 대한 관심을 잃지 않도록 격려하고 있다. 이 회사는 과학 캠프와 과학 축제를 조직하고 어린이와 부모 대상의 과학 도서를 출간한다.

여성도 전투기 조종사가 될 수 있다

2006년 3월 여성 최초로 공군 특수비행 팀 '선더버드'Thunderbird 조종사가 된 니콜 맬러카우스키Nicole Malachowski 대위가 하늘을 향해 날아올랐다. 8인의 엘리트 전투기 조종사로 구성된 선더버드 팀은 2년 동안 에어쇼에 참가해 F-16 제트기 조종 시연을 진행하는 미 공군 최고의 에이스들이다. 이들이 선보이는 곡예비행 대형 중 몇 가지는 매우 정교하여 비행기 윙팁 사이의 간격이 고작 45cm이다!

니콜 맬러카우스키 대위는 미국이라는 나라가 소녀들에게 자라서 무엇이든 할 수 있다는 믿음을 주었을 때 얼마만큼 성장할 수 있는지를 보여 주는 대표적인 사례라고 할 수 있다. 그럼에도 이처럼 대담한 여성조차 자라면서 소소한 차별의 아픔을 경험하기도 했다. 침대에 누워 천장에 붙여 둔 조종실 포스터를 바라보면서 미래를 꿈꾸던 소녀에게 한 남성 교사는 이렇게 말했다고 한다. "하지만 여자는 전투기 조종사가 될 수 없어." 그렇지만 이와 같은 몇 가지 대수롭지 않은 경

2006년, 미 공군 소속 제트기 조종사 니콜 맬러카우스키는 여성 최초로 선더버드 팀의 일원이 되었다.

Home of the Thunderbirds

험을 제외한다면 성별로 인한 장벽은 사실상 거의 느끼지 못했다면서 니콜 맬러카우스키 대위는 다음과 같이 말했다. "저는 제 자신이 꿈은 이루어진다는 믿음을 증명하는 살아 있는 증거 같아요."

이따금 에어쇼 현장에 나타나 여성은 해낼 수 없다고 말하는 부정적인 사람들도 있었다. 니콜 맬러카우스키 대위는 이런 사람들을 어떻게 대할까? 그녀는 "백문이 불여일견이지요. 에어쇼를 보면서 여자 조종사가 모는 전투기가 어떤 것인지 맞혀 보세요"라고 말해 준다고 한다. 물론 그녀가 조종하는 전투기를 맞힌 사람은 아무도 없었다.

공군이 여성은 전투기 조종사가 될 수 없다는 금지 조항을 없앴을 당시 맬러카우스키는 공군사관학교 3학년 생도였다. 규정이 바뀐 사실을 알게 된 그녀는 "와, 여자도 전투기 조종사가 될 수 있어, 야호!"라고 외쳤다고 한다. "이런 생각이 들었어요. '내가 늘 하던 말을 지켜야겠군!'"

정말 입버릇대로 전투기 조종사가 된 니콜 맬러카우스키는 앞서간 많은 여성들이 길을 닦아 주었음을 잘 알고 있다. "늘 그렇듯이 우리는 앞서간 사람들의 어깨 위에 서게 되는 법이니까요. '머큐리 서틴'과 같은 여성들이 없었다면 오늘의 제가 존재할 수 없다는 것은 의심할 여지가 없지요."

대중에게 공군 조종사가 되는 법을 가르치는 것도 선더버드 팀이 맡은 임무 중 하나다. 덕분에 니콜 맬러카우스키는 어린이들과 대화할 기회가 많은데, 그럴 때마다 다음과 같은 메시지를 명확하게 전달한다고 한다. "저는 벽이 있다고 믿지 않아요……부정적인 사람들, 여러분 자신만큼 여러분의 꿈을 믿지 않는 사람들의 말을 듣고 주의를 흩뜨릴 필요는 없습니다……그들을 잊고 앞으로 나아가세요……그냥 자신의 비행기에 오르세요."

여성 최초로 선더버드 조종사가 된 것에 대해 니콜 맬러카우스키는 이렇게 말했다. "누군가는 먼저 가야 합니다. 그리고 가장 멋진 점은

위: 1997년 3월 최종 발사 리허설 중에 촬영한 STS-83의 승무원. (왼쪽부터) 미션 스페셜리스트 캐서린 콜먼, 조종사 수전 스틸(Susan Still), 미션 스페셜리스트 재니스 보스(Janice Voss).

아래: 디스커버리호의 에어 로크에서 우주복 착용에 앞서 포즈를 취한 미션 스페셜리스트 캐스린 설리번.

제가 최초의 여성이지 마지막 여성은 아니라는 사실입니다. 중요한 점은 바로 이것입니다. 앞으로도 여성들이 항공 분야의 발전에 힘과 기술을 보태게 될 것입니다."

그렇다고 해도 평등과 균형을 달성하기 위한 싸움은 언제나 힘겹다. 근래에는 여객기에 탑승하여 조종석에 앉은 여성 기장을 발견하는 멋진 경험을 하기도 한다. 그러나 이들의 숫자는 매우 적다. 2007년 미국 연방항공청 통계에 따르면 전체 조종사 중 여성이 차지하는 비율은 6%에 불과하고, 여성 제트기 조종사의 비율은 더 낮다. 제트기 조종사가 되려면 항공사운항조종사 등급이 필요한데 이 등급을 보유한 여성의 비율은 3.5%에 그친다. 하물며 항공사운항조종사 등급을 가진 조종사라고 해도, 모두가 제트기를 조종하는 것은 아니므로 여성 제트기 조종사의 수는 보다 더 적으리라고 추정된다.

그렇다면 우주 비행사 프로그램에 더 많은 여성들이 참여하지 않는 이유는 무엇일까? 2007년 샐리 라이드는 다음과 같이 말했다. "20년 전에 그런 질문을 받았다면, 우리는 지금쯤이면 이 분야에 더 많은 여성들이 진출했으리라 예상했을 것입니다." 남성이 하는 일이라면 무엇이든 여성도 할 수 있다는 생각을 받아들이는 문화가 형성되었지만 수학이나 과학 지식이 필요한 직종을 선택하는 여성의 수는 남성에 비해 적다. 가장 극적인 변화는 대학에서 일어나는데, 여학생들이 컴퓨터공학이나 전기공학 등 전문 기술을 가르치는 전공을 기피하는 경향이 강화되고 있다. 여성들은 여전히 어머니의 길과 직업인으로서의 길 중에서 하나만을 선택해야 한다고 느끼는 것일까? 아니면 그보다 복잡한 어떤 사정이 있는 것일까? 이 문제에 대해서 아일린 콜린스는 다음과 같이 말한다. "저는 젊은 여성들이 결혼과 출산을 조종사나 엔지니어 일과 병행할 수 있다는 사실을 알았으면 좋겠습니다." 아일린 콜린스 자신이 딱 그런 삶을 살고 있다.

2007년 6월, 미 하원은 여성 우주 비행사들에 앞서 새로운 길을 개

위: 국제우주정거장의 데스티니(Destiny) 실험실에서 유영하는 페기 윗슨 사령관.

아래: 2008년 나사 우주비행사실(Astronaut Office)의 부책임자로 우주 비행사 수니타 윌리엄스(Sunita Williams)가 임명되었다. 우주 비행사로서 오를 수 있는 나사 내 최고위직이다.

척했던 13명의 여성이 이룬 업적을 기리는 결의안을 채택했다. 조종사이자 우주 비행사이기도 한 패멀라 멀로이는 이 13명의 여성에 대해 이렇게 말했다. "우리는 이 여성들이 없었다면 좀처럼 가능하지 않았을 높은 수준의 신뢰와 존경, 수용을 누리고 있습니다. 이분들은 우리가 지금 누리는 것들을 위해서 자기 앞에 놓인 길을 한 발씩 더 나아가려 싸워 왔습니다."

이제, '적합한 자질'을 갖춘 여성에게 '잘못된 시대'와 같은 불행이 다시는 없어야 한다는 점을 인정할 때가 된 것 같다. 어떻게 하면 젊은 여성들이 자신의 꿈을 방해받지 않고 계속해서 노력하도록 동기를 부여할 수 있을까? 앞서 소개한 13명의 여성과 같은 롤 모델은 매우 큰 도움이 될 것이다. 이들 여성이 가슴에 품었던 빛이 꺼지지 않고 밝게 빛나서 후대의 다른 사람들이 찾고 있는 가능성을 환히 비출 수 있기를 바란다.

1999년, 10명의 여성이 스미스소니언 국립항공우주박물관에 모였다. (왼쪽부터) 세라 거렐릭 래틀리, 진 노라 스텀보 제슨, 머틀 케이 케이글, 제럴딘 제리 코브, 아이린 레버튼, 제인 하트, 제리 슬론 트루힐, 레아 헐 월트먼, 버니스 비 스테드먼, 월리 펑크.

작가의 말

이스라엘 최초의 우주 비행사 일란 라몬Ilan Ramon에 관한 자료 조사로 진통을 겪는 와중에 흔히 '머큐리 서틴'이라 불리는 일단의 여성들에 대한 모호한 언급을 처음 접했다. 이 여성들의 이야기는 단번에 나의 눈길을 끌었지만 원고 마감 기일이 다가와 우선 자료만 정리해서 보관해 두었다. 그로부터 얼마 지나지 않아 나의 사랑하는 친구이자 동료 작가인 세라 애런슨Sarah Aronson이 뜬금없이 이 여성들을 입에 올렸다. 이들에 관한 이야기를 청소년 독자들을 위해 엮어 내는 데 내가 관심을 가지리라고 짐작했단다. 나는 정해진 일정을 마치고 최대한 서둘러 이 여성들에게 집중했고, 이들의 이야기는 나를 사로잡았다. 그러나 이야기를 풀어낼 방법을 찾는 과정은 결코 순탄하지 않았다.

다차원적인 이야기에, 여러 인물이 등장하는 데다 역사적으로 또 정치적으로 매우 다층적이고 복잡했다. 애초에는 각각의 여성들을 소개하는 연작 그림책 전기를 구상했다. 하지만 일이 잘 진행되지 않았다. 그림책으로 표현하기에는 다루어야 할 정보가 너무 많았다. 나는 그중 한 여성을 소재로 소녀의 입장에서 내가 느끼는 대로 그녀의 본질을 포착해서 시를 썼다. 그러자 이 여성들이 신출내기 조종사였을 때의 모습을 소개하면 어떨까 궁금해졌고, 나는 그들의 삶에 관해 더 많은 시를 쓰기 시작했다. 하지만 이 방법 역시 적당하지 않았다. 시를 통해서는 많은 정보를 전달하기 어렵기 때문이었다.

나는 그림책이라는 형식 때문에 작업이 진척되지 않음을 이내 깨달았다. 이 거대한 이야기를 그림책 속에 끼워 맞추려는 노력을 포기하고 이야기의 흐름을 따라가기로 결정하자, 원고는 산문과 시 모두에서 형태를 갖추기 시작했다. 그럼에도 여전히 독자에게 다가가기 쉽지 않은 형식이었다. 편집자들이 "아름답다"고 평가해 주기는 했지만 이 원고로 무엇을 할 수 있을지는 확신이 서지 않았다. 어떤 장르에도 적합하지 않았다. 그래서 내가 머릿속으로 생각한 구상을 보다 명확하게 바라볼 수 있도록 도와줄 편집자, 마크 애런슨Marc Aronson에게 조언을 청했다. 여전히 시가 문제였다. 각각의 여성들에게 경의를 표하고자 사진 페이지에 시를 넣어 보려 했지만 역시 책의 나머지 부분과 잘 어울리지 않았다. 하릴없이 시를 모두 들어내야 했다. 소설에서 아끼는 등장인물을 빼는 것과 같은 상실감을 느꼈다. 13명의 여성들이 남긴 이야기를 최대한 잘 전달했다고 생각하지만, 내가 썼던 시도 읽고 싶은 독자가 있다면 기꺼이 함께 나누고 싶다. 이 시들은 나의 개인 웹사이트(https://tanyastone.com/assets/files/pdfs/Almost%20Astronauts%20Bonus%20Material.pdf)와 캔들위크 출판사 홈페이지(https://www.candlewick.com/book_files/0763636118.ban.1.pdf)에서 찾을 수 있다. 청소년 독자는 물론이고 교사 여러분께서도 토론 시간에 유용한 자료로 삼아 주길 바란다. 무엇보다 이 시들은 13명의 여성들이 이룬 업적, 그들이 가진 힘과 모험심에 대해 존경을 표할 수 있는 새로운 방법이라고 생각한다.

나는 이 여성들을 떠올리며 웹스터 사전에서 '개척자'pioneer라는 단어를 찾아보았다. "새로운 생각이나 활동을 시작하거나 시작되도록 돕는 사람(들)"이라고 정의하고 있었다. 이 정의야말로 이 여성들을 완벽하게 설명하고 있다. 이들은 진정한 개척자였다. 이들은 여성도 남성과 동등하게, 일부는 남성보다 더 적합하게 우주 비행사가 될 준비를 갖추었음을 증명했다. 그리고 여성이 할 수 있는 일과 할 수 없는 일에 관한 사회 전반의 생각에 도전했다. 그들은 안 된다고 거절당했을 때 맞서 싸웠다. 그렇게 해서 벽을 약하게 만들고 고정관념에 균열을 냈다. 어느 집단이나 그렇듯이 일어난 일들에 대해 이들의 의견이 모두 같았던 것은 아니다. 게다가 당시에는 서로 어떤 생각을 하고 있는지 함께 이야기 나눌 기회조차 없었다. 13명의 여성이 한데 모여 그들 사이의 일정한 동질감을 공유하게 된 것은 몇 년의 세월이 흐른 뒤였다. 그럼에도 자신들만이 느낄 수 있는 특별한 경험을 함께 한 덕분에 이들은 유대감을 가질 수 있었다. 이렇게 멋진 여성들을 알게 되는 행운을 누리다니 나는 복이 많은 사람이라는 생각이 든다. 13명의 여성들에 관한 이야기를 전달하며 나의 글도 바뀌었다. 이 책은 내가 '본격' 논픽션이라고 부르는 형식으로부터 처음 결별한 작품이다. 나는 어린이 논픽션 편집자로서 성공적인 경력을 쌓아 왔고, 도서관 시장에서 호평받은 책들을 많이 출간해 왔다. 그런데 이 이야기에 접근하는 방법을 모색하는 과정에서 글쓰기에 대한 나의 생각과 작가로서 나를 바라보는 방식이 완전히 새롭게 바뀌었다. 이 책을 쓰면서 나의 창의력이 새로운 방식으로 발휘되었다. 그리고 이 책은 강한 여성과 소녀 들이라는, 새롭게 부상하는 주제를 다룬 여러 작품 중 첫 번째가 되었다. 이 주제는 몇 번이고 나의 관심을 끌었다. 사실 소설 데뷔작인 소녀들에 관한 책, 그리고 그림책 전기 데뷔작인 엘리자베스 캐디 스탠턴Elizabeth Cady Stanton★에 관한 책보다 먼저 집필했지만 이 책이 더 나중에 출간되었다. 돌이켜 보면 이 책을 쓰던 당시가 작가로서의 나의 인생에서 매우 중요한 순간이 아니었나 싶다. 심지어 글쓰는 것과는 무관한 삶의 다른 부분에도 일정한 영향을 미쳤다.

13명의 여성들에게 무슨 일이 일어났는지 조사하는 과정에서 나는 여러 비행장을 방문했고 조종사들과도 대화를 나누었다. 2인승 세스나기를 타고 비행 교습을 받기도 했다. 30미터 떨어진 곳

★ 미국의 사회운동가, 노예제도 폐지론자이자 초창기 여권운동가.

에 서서 천둥처럼 우렁찬 굉음과 함께 날아오르는 F-16 제트기도 지켜보았고, 장비를 자세히 살펴보고 여압복을 입는 방법을 배우려고 직접 올라타 보기도 했다. 비행기들이 날아오르는 광경, 소리, 냄새로 나의 오감을 채우는 과정에서 이 여성들의 이야기가 내게는 보다 생생하게 다가왔다. 하지만 뭐니 뭐니 해도 이 여성들에 대해 알아 가는 과정에서 가장 많은 것을 배웠다. 나는 많은 책과 기사, 과학 논문, 오디오 녹음, 비디오 녹화 테이프 등을 조사했고 더불어 여러 흥미로운 사람들과 만났다. 여러 박물관의 큐레이터들, 베티 스켈턴이나 니콜 맬러카우스키와 같은 여성 비행사들, 그리고 여성 후보 대상의 고립 테스트를 도왔던 과학자 캐스린 월터스 리버슨 등과 깊은 관계를 맺고 대화를 나누며 상당한 시간을 함께 보냈다. 가장 흥분되었던 것은 자료 조사 과정에서 이야기의 주인공들에게 접근할 수 있었다는 점이다. 나는 이 여성들과 메일과 편지를 나누거나 통화를 했고, 제리 코브를 포함한 여덟 여성과는 믿을 수 없이 멋진 주말 밤을 함께 보냈다. 우리는 함께 웃고 수다 떨며 식사를 했다. 누군가를 진정으로 알기 위해 이보다 더 좋은 방법이 달리 있을까? 제리 코브가 린든 존슨과의 만남에서 실제로 일어났던 일을 내게 털어놓았던 것도 그날이었다.

이 놀라운 숙녀분들과 이야기를 나누며 나는 비행을 향한 이들의 열정에 전염되고 말았다. 그들 중 몇몇은 내게 자가용 조종사 면허를 받아 보라고 격려해 주었다. 내가 언젠가 비행기를 조종하게 된다면 그것은 전적으로 깊은 영감의 원천이 되어 준 이 여성들 덕분이다. 이 여성들은 연령과 인종, 성별과 무관하게, 그리고 결과에 관계없이 누구나 자신의 꿈을 추구할 수 있음을 보여 주는 진정한 본보기가 아닐까 싶다. 우리가 그 사실을 인지하든 그렇지 않든, 우리가 살고 있는 이 세상이 앞으로 나아가기 위한 길을 닦는 데 우리 모두가 일정한 역할을 담당하고 있다.

감사의 말

이런 종류의 책은 광범한 조사 없이는 완성될 수 없고 그 과정에서 주어진 주제를 향한 작가의 열정에 공감하는 여러 사람의 관여가 필수적이다. 이 이야기에 생명을 불어넣은 여러 문서와 사진을 수집하는 데 도움을 준 많은 큐레이터와 사서, 연구원 들에게 깊이 감사한다. 그중에서 특히, 스미스소니언 국립항공우주박물관의 마거릿 와이트캠프, 캐스린 월터스 리버슨, 국제여성항공우주박물관의 토니 뮬리Toni Mullee, 텍사스 여자대학교 도서관의 사서인 트레이시 맥고언Tracey MacGowan과 던 렛슨Dawn Letson, 버몬트 대학교 도서관 부설 연구소의 페기 파월Peggy Powell, 나인티나인스 여성조종사박물관의 마지 리치슨Margie Richison과 캐럴린 스미스Carolyn Smith, 그리고 연구 비서인 스테이시 풀러턴Stacy Fullerton과 애니타 러셀Anita Russell에게 특별한 감사를 전한다. 시간을 내어 나와 대화를 나누고 질문을 남길 때마다 답해 준 여성 조종사 베티 스켈턴과 니콜 맬러카우스키에게도 감사를 전한다.

수년에 걸쳐 내가 이 이야기에 계속 매달릴 수 있도록 격려를 아끼지 않았던 많은 작가 친구들, 특히 세라 애런슨에게 감사한다. 그녀는 이 작품을 믿고 중매쟁이 기질을 발휘해 마크 애런슨(성이 같지만 둘은 친척 관계가 아니다)에게 나의 초벌 원고에 대해서 알려 주었다. 기꺼이 나의 편집자가 되어 주고, 이 이야기를 완벽하게 이해하기 위해 스스로에게 던져야 했던 통찰력 있는 질문으로 나를 인도해 준 마크에게도 감사를 전한다. 캔들위크 출판사의 멋진 팀, 특히 편집자인 힐러리 밴 더슨Hilary Van Dusen과 디자이너인 셰리 패틀라Sherry Fatla에게도 애정에서 비롯된 이 모든 수고를 현실로 바꾸기 위해 세심하게 주의를 기울여 준 데 대해 감사한다. 그리고 나의 에이전트인 로즈메리 스티몰라Rosemary Stimola의 지혜와 능숙함에 감사한다. 또한 언제나 그렇듯 나의 가장 친한 친구인 남편 앨런과 우리 아이들에게 감사한다. 조건 없는 가족의 사랑과 지원, 그리고 때때로 저녁 식사 시간에 늦는 불상사를 이해해 주는 그들의 배려에 경외감을 느끼고 있다. 끝으로 '머큐리 서틴'이라는 애칭으로 불렸던 여성들과 그들의 가족들에게, 나를 반겨 주고 친절하게 시간을 내어 주고 이야기를 들려주고 다른 무엇보다 마음을 내어 준 데 대해 영원히 감사할 것이다. 그들이 오래도록 하늘을 날 수 있기를!

덧붙이는 말

최종적으로 총 25명의 여성이 러브레이스 박사의 테스트에 초청받았다. 그중 19명이 테스트를 모두 마쳤고, 13명이 통과했다. 프랜시스 “프랜” 베라Frances “Fran” Bera와 퍼트리샤 제튼Patricia Jetton의 경우에는 러브레이스 클리닉의 의료진이 발견한 건강 문제로 테스트를 통과하지 못했다. 아일린 콜린스가 사령관으로서 우주왕복선을 조종한 1999년 당시 여성 귀빈 중에는 테스트에 참여했던 프랜시스 프랜 베라와 조지아나 매코널Georgiana McConnell도 포함되었다.

25명 가운데 테스트를 받지 않은 여섯 사람의 사정은 이러했다. 메릴린 링크Marilyn Link와 프랜시스 밀러Frances Miller는 초대를 수락하지 않았다. 링크는 스스로 나이가 너무 많다고 생각했고, 전직을 고려하던 참이었다. 밀러는 이 프로그램이 성공할 리 없다고 판단했다. 도러시 앤더슨Dorothy Anderson과 실비아 로스Sylvia Roth는 초대를 수락했지만 직장 문제로 테스트받을 시간을 내지 못했다. 마저리 더프턴Marjorie Dufton과 일레인 해리슨Elaine Harrison은 테스트를 받는 데 동의했지만 실제로 참석은 하지 않았고 그 이유는 알려지지 않았다.

테스트를 통과한 여성들

머틀 케이 케이글, 제럴딘 제리 코브, 재닛 디트리히, 매리언 디트리히, 월리 펑크, 세라 거렐릭 (래틀리), 제인 하트, 진 힉슨, 레아 헐 (월트먼), 아이린 레버튼, 제리 슬론 (트루힐), 버니스 비 스테드먼, 진 노라 스텀보 (제슨)

테스트를 완수한 여성들

프랜시스 프랜 베라, 버지니아 홈스Virginia Holmes, 퍼트리샤 K. 제튼, 조지아나 T. 매코널, 조앤 앤 메리엄 (스미스)Joan Ann Meriam Smith, 베티 J. 밀러Betty J. Miller

테스트를 받지 않은 여성들

도러시 앤더슨, 마저리 더프턴, 일레인 해리슨, 메릴린 링크, 프랜시스 밀러, 실비아 로스

출처: 와이트캠프, 마거릿 A.『적합한 자질, 잘못된 성별 — 미국 최초의 우주로 간 여성 프로그램』. 볼티모어: 존스홉킨스 대학교 출판부, 2004. 94~95쪽.

옮긴이의 말

남아메리카 오지의 원주민들에게 "새"라고 불리던 여성이 있었습니다. 선교사들을 도와 경비행기만 겨우 닿는 아마존과 안데스 오지에 씨앗과 식량, 의약품, 의복 등을 전달했지요. 1969년 아마존 정글에서 야간 비행을 하던 그녀는 아폴로 11호에 오른 닐 암스트롱과 버즈 올드린이 마침내 달 표면에 발을 디뎠다는 소식을 무전으로 들었다고 합니다. 감격에 겨워 보는 사람 하나 없는 밀림의 달빛 아래에서 더 높이 날지 못한 자신의 비행기 날개를 좌우로 흔들흔들 움직이며 혼자 춤을 추었습니다.

열두 살에 아빠의 낡은 비행기를 타고 처음 날았을 때부터 하늘이 진정한 자신의 집이라고 생각했던 제리 코브는 우주에서 빛나는 푸른 별 지구를 바라보고 싶다는 꿈을 꾸었습니다. 이에 필요한 능력과 경력, 용기, 자질을 모두 입증했지만 나사로부터 우주 비행사 자격을 정식으로 검증받을 기회조차 거부당했습니다. 그것도 1961년과 1998년, 두 번이나.

이 책은 우주 비행을 간절히 꿈꾸었지만 사회의 편견 때문에 마음껏 날아오를 수 없었던 제리 코브와 12명의 여성들에 관한 이야기입니다. 이들이 살던 세계를 들여다보기 위해서는 60년 전 과거로 '타임슬립'해야 합니다. 축구장 크기의 국제우주정거장 안에서 수개월씩 체류하며 실험하는 지질학자나 의학박사도, 스페이스 X의 재사용 로켓도, 러시아의 소유스호를 타고 국제우주정거장에 가는 나사의 우주비행사들이며 텐궁 우주정거장, 우주왕복선, 이 모든 것들이 생겨나기 전이었습니다. 이제 겨우 인간을 우주 궤도로 쏘아 올려 지구를 몇 바퀴 도는 것이 고작인, 우주 여행의 창세기와 같은 이야기입니다. 어마어마한 규모의 아틀라스 로켓이 쏘아 올린 우주캡슐 프렌드십 7호에 탑승한 존 글렌은 일어나거나 기지개를 켜기도 힘들 만큼 비좁은 공간에서 거의 다섯 시간 동안 지구 궤도를 세 바퀴나 돌았지만, 그보다 앞서 지구궤도를 비행했던 침팬지와 마찬가지로 스스로 할 수 있는 일이 별로 없었다고 합니다. 슈퍼컴퓨터는커녕 새로 선보인 전자식 계산기가 못 미더워 '인간 계산기'라 불리던 캐서린 존슨이 복잡한 궤도 계산을 확인하던 때였습니다. 미미하지만 모든 것이 싹트기 시작한 시대였습니다. 그리고 아직 우주에 가 본 사람이 아무도 없었기에 모든 것이 두려운 시대였습니다. 빠른 속도, 높은 고도, 무중력 상태에서 신체가 어떻게 변할지 상상하고 이에 대응해야 했기에 예비 우주 비행사를 대상으로 각종 기이한 검사가 실시되었습니다.

지금과 다른 것은 우주 기술과 지식만이 아니었고, '사회질서'도 달랐습니다. 비행 경연 대회에서 여성 조종사들은 '귀부인'처럼 굽 높은 구두를 신고 원피스를 차려입어야 했던 시절이었습니다. 우주 비행사인 남자와 커스터드 케이크 굽기의 달인인 여자가 완벽한 짝이라 여겨지던 시절에, 우주 비행사의 아내가 아닌 우주 비행사가 되고 싶었던 13명의 여성이 꿈을 이루고자 노력했습니다. 비록 못다 이룬 바람이 되었지만 그들의 앞선 도전 덕분에 후배 여성들이 나아갈 길이 닦이고 문이 열렸습니다.

제리 코브는 2019년 3월, 여든여덟의 나이로 영면했습니다. 1997년에 쓴 자서전 『제리 코브, 솔로 파일럿』Jerrie Cobb, Solo Pilot에서 그녀는 다음과 같이 썼습니다. "물론 나도 동료 조종사들과 함께 달에 가고 싶었다. 캄캄한 우주에서 부유하는 아름다운 푸른 행성 지구를 내 눈으로 직접 볼 수 있다면 얼마나 좋을까. 대기가 걸러 내지 않은, 별들과 은하의 진짜 광휘를 볼 수 있다면. 하지만 지금 이곳 아마조나스에서 내 형제들을 위해 날고 있음에 나는 행복하다. Contenta, Señor, contenta.(행복합니다, 하나님, 행복합니다.)"

제리 코브는 반세기 넘게 남아메리카에서 인도주의적 원조 활동을 돕고, 안데스 산맥과 아마존 정글에서 새로운 항로를 개척한 공로를 인정받아 에콰도르, 브라질, 콜롬비아, 페루 정부로부터 훈장을 받았습니다. 1981년에는 노벨평화상 후보에 지명되었고 미국 항공 명예의 전당에 이름을 올렸으며 매년 가장 뛰어난 비행사들에게 수여하는 하먼 트로피를 받았습니다.

그럼에도 세상을 떠나기 전 그녀가 무엇보다 원했던 상, 우주 비행의 기회를 끝내 얻지 못했다는 사실이 동료 지구인으로서 마음이 아픕니다.

잘 가요, 제리! 당신이 꿈꾸던 우주로.

2020년 12월

김충선

책 —

Ackmann, Martha. *The Mercury 13: The True Story of Thirteen Women and the Dream of Space Flight*. New York: Random House, 2003.

Atkinson, Joseph D., Jr., and Jay M. Shafritz. *The Real Stuff: A History of NASA's Astronaut Recruitment Program*. New York: Praeger, 1985.

Bell, Elizabeth S. "Women Flyers: From Aviatrix to Astronaut" in *Heroines of Popular Culture*, edited by Pat Browne. Bowling Green, OH: Bowling Green State University Popular Press, 1987.

Boase, Wendy. *The Sky's The Limit: Women Pioneers in Aviation*. New York: Macmillan, 1979.

Cobb, Jerrie. *Jerrie Cobb: Solo Pilots*. Sun City Center, FL: Jerrie Cobb Foundation, 1997.

——, with Jane Rieker. *Woman Into Space: The Jerrie Cobb Story*. Englewood Cliffs, NJ: Prentice-Hall, 1963.

Dallek, Robert. *Flawed Giant: Lyndon Johnson and His Times, 1961-1973*. New York: Oxford University Press, 1998.

Douglas, Deborah G. *American Women and Flight Since 1940*. Lexington: University Press of Kentucky, 2004.

Douglas, Susan J. *Where the Girls Are: Growing Up Female with the Mass Media*. New York: Times Books/Random House, 1994.

Freni, Pamela. *Space for Women: A History of Women with the Right Stuff*. Santa Ana, CA: Seven Locks Press, 2002.

Haynsworth, Leslie, and David Toomey. *Amelia Earhart's Daughters: The Wild and Glorious Story of American Women Aviators from World War II to the Dawn of the Space Age*. New York: William Morrow, 1998.

Inness, Sherrie A. *Tough Girls: Women Warriors and Wonder Women in Popular Culture*. Philadelphia: University of Pennsylvania Press, 1999.

Jessen, Gene Nora. *The Powder Puff Derby of 1929: The First All Women's Transcontinental Air Race*. Sourcebooks, 2002.

Kevles, Bettyann Holtzmann. *Almost Heaven: The Story of Women in Space*. New York: Basic Books, 2003.

Klein, Allison. *What Would Murphy Brown Do? How the Women of Prime Time Changed Our Lives*. Emeryville, CA: Seal Press, 2006.
Moolman, Valerie. *Women Aloft*. Alexandria, VA: Time-Life Books, 1981.
Nolen, Stephanie. *Promised the Moon: The Untold Story of the First Women in the Space Race*. Toronto: Penguin Canada, 2002.
Rich, Doris L. *Jackie Cochran: Pilot in the Fastest Lane*. Gainesville: University Press of Florida, 2007.
Spigel, Lynn, and Denise Mann, eds. *Private Screenings: Television and the Female Consumer*. Minneapolis: University of Minnesota Press, 1992.
Steadman, Bernice Trimble. *Tethered Mercury: A Pilot's Memoir: The Right Stuff—but the Wrong Sex*. Traverse City, MI: Aviation Press, 2001.
Weibel, Kathryn. *Mirror, Mirror: Images of Women Reflected in Popular Culture*. Garden City, NY: Anchor Books, 1977.
Weitekamp, Margaret A. *Right Stuff, Wrong Sex: America's First Women in Space Program*. Baltimore: Johns Hopkins University Press, 2004.
Wolfe, Tom. *The Right Stuff*. New York: Farrar, Straus and Giroux, 1979.
Yellin, Emily. *Our Mothers' War: American Women at Home and at the Front During World War II*. New York: Free Press, 2004.

더 읽어 보기 —

Atkins, Jeannine. *Wings and Rockets: The Story of Women in Air and Space*. New York: Farrar, Straus and Giroux, 2003.
Borden, Louise, and Mary Kay Kroeger. *Fly High! The Story of Bessie Coleman*. New York: Margaret McElderry Books, 2001.
Cummins, Julie. *Tomboy of the Air: Daredevil Pilot Blanche Stuart Scott*. New York: HarperCollins, 2001.
———. *Women Daredevils: Thrills, Chills, and Frills*. New York: Sutton, 2008.
Ride, Sally, with Susan Okie. *To Space and Back*. New York: HarperCollins, 1989.
Ryan, Pam Muñoz. *Amelia and Eleanor Go for a Ride*. New York: Scholastic, 1999.
Stone, Tanya Lee. *Amelia Earhart*. New York: DK Publishing, 2007.
Thimmesh, Catherine. *Team Moon: How 400,000 People Landed Apollo 11 on the Moon*. Boston: Houghton, 2006.
Yolen, Jane. *My Brothers' Flying Machine: Wilbur, Orville, and Me*. New York: Little, Brown, 2003.

기사 및 문서 —

Ackmann, Martha. "Space Invaders." *Salon*, July 27, 2000.
http://dir.salon.com/story/mwt/feature/tues/2000/06/27/astronauts
"The Astronauts—Ready to Make History." *Life*, September 14, 1959.
Bisbee, Dana. "Pilot Wants Her Shot in Space." *Boston Herald*, August 28, 1998.

Brown, Erika. "Sending Your Daughters to Space." *Forbes*, October 5, 2005.
Burbank, Sam. "Mercury 13's Wally Funk Fights for Her Place in Space." *National Geographic Today*, July 9, 2003.
Carpenter, Liz. Letter drafted for Vice President Lyndon B. Johnson to send to James Webb, dated March 15, 1962. LBJ Library.
———. Memorandum to Vice President Lyndon B. Johnson, March 14, 1962. LBJ Library.
Cobb, Jerrie. Letter to Vice President Lyndon B. Johnson, April 17, 1962. LBJ Library.
——. Letter to the FLATS, April 13, 1962. International Women's Air and Space Museum.
——. Letter to the FLATS, August 15, 1962. International Women's Air and Space Museum.
——. Letter to the FLATS, August 22, 1962. International Women's Air and Space Museum.
——. "Space for Women?" Speech presented at the First Women's Space Symposium, Los Angeles, February 22, 1962.
——.Telegram to Bernice Trimble Steadman, July 18, 1962, 6:36 p.m.
——. with Jane Rieker. "Hopeful Astronaut Leaps Tilt and Tank Test Hurdle." *Daily Oklahoman*, July 18, 1963.
Cochran, Jacqueline. Letter to Bernice Steadman (with copies sent to the eleven other "Mercury 13" women), July 12, 1961. International Women's Air and Space Museum.
———. Letter to Jerrie Cobb, March 23, 1962. International Women's Air and Space Museum.
———. "Women in Space: Famed Aviatrix Predicts Women Astronauts within Six Years." *Parade*, April 30, 1961.
Cox, Donald. "Woman Astronauts." *Space World*, September 1961.
"Damp Prelude to Space." *Life*, October 24, 1960.
Davis, Verla D. "Becoming Thunderbird Is Dream Come True for Nevada Native." U.S. Air Forces in Europe News Service, July 7, 2005.
http://www.f-16.net/news_article1411.html.
Dietrich, Marion. "First Woman into Space." *McCall's*, September 1961.
Donnelly, Francis X. "Pioneer Flier Shoots for Stars, Bids for Spaceflight." *Florida Today*, June 21, 1968.
Dunn, Marcia. "Female Flier Still Seeks Trip into Space." Associated Press, July 11, 1998.
Gadebusch, Ruth. "Women Still Wait for Chance in Outer Space." *Fresno Bee*, July 12, 2003.
Feldman, Claudia. "Shoulders to Stand On: Mercury 13 Pioneered the Way for Female Astronauts." *Houston Chronicle*, July 1, 2003.
"Foiled Astronaut." *New York Times*, June 26, 1983.
"From Aviatrix to Astronautrix." *Time*, August 29, 1960.
Hart, Jane. "Women in Orbit." *Town and Country*, November 1962.
Hoffstetter, Jane. "She'd Be First Woman in Space." *Fort Lauderdale News*, May 19,

1961.

"I'm One of Those People." *New York Times*, June 18, 1983.

Johnson, Lyndon B. Letter to Mrs. Catherine Smith, March 24, 1962. LBJ Library.

———. Letter to Mrs. George B. Ward, March 24, 1962. LBJ Library.

Kocivar, Ben. "The Lady Wants to Orbit." *Look*, February 2, 1960.

Kozloski, Lillian, and Maura J. Mackowski. "The Wrong Stuff." *Final Frontier*, May/June 1990.

Krum, Sharon. "Space Cowgirl." *Guardian*, April 2, 2002.

Laboda, Amy. "The 'Mercury 13': Were They the First Ladies of Space?" *AOPA Pilot*, February 1997.

Larlee, Staff Sgt. Jeremy. "Face of Defense: Women's Aviation Hall of Fame Inducts Air Force Pilot." Air Force News Agency, March 19, 2008.

"A Lady Proves She's Fit for Space Flight." *Life*, August 29, 1960.

Latty, Yvonne. "Cobb Using Glenn's Latest flight to Renew Her Space Dreams." Knight Ridder/Tribune News Service, November 11, 1998, p. K2252.

Laughlin, Meg. "The Discarded Astronaut."*Miami Herald*, June 12, 1983.

Leverton, Irene. "Fire Fighter Aloft." *Woman Pilot* 10, no. 3 (May/June 2002).

Levine, Bettijane. "After 36 Years, She's Still Aiming for the Stars." *Los Angeles Times*, October 29, 1998.

Luce, Clare Boothe. "But Some People Simply Never Get the Message." *Life*, June 28, 1963.

McCarthy, Sheryl. "The Women of Mercury 13." *USA Today*, May 10, 2007.

McCullough, Joan. "The 13 Astronauts Who Were Left Behind." *Ms.*, September 1973.

Merzer, Martin. "'Mercury 13' Women Missed Their Chance to Blast Off."*Miami Herald*, October 23, 1998.

Nolen, Stephanie. "One Giant Leap—Backward." *Globe and Mail*, October 12, 2002.

NPR. "What Happened to the Mercury 13?" Science Friday Kids' Connection, Hour Two, June 20, 2003.

Oberg, James. "The Mercury 13: Setting the Story Straight." Space Review, May 14, 2007.

"One Hundred of the Most Important Young Men and Women in the United States." *Life*, September 14, 1962.

Peirce, Kate. "What if the Energizer Bunny Were Female? Importance of Gender in Perceptions of Advertising Spokes character Effectiveness." *Sex Roles: A Journal of Research*, December 2001.

Precker, Michael. "Gender Grounded 13 Women with 'The Right Stuff.'" *Dallas Morning News*, October 11, 1998.

Qualifications for Astronauts: Hearings before the Special Subcommittee on the Selection of Astronauts, Committee on Science and Astronautics. U.S. House of Representatives, Eighty-seventh Congress, second session, July 17 and 18, 1962.

Qualifications for Astronauts: Report of the Special Subcommittee on the Selection of Astronauts, Committee on Science and Astronautics. U.S. House of Representatives,

Eighty-seventh Congress, second session, serial S.
Rieker, Jane. "Up and Up Goes Jerrie Cobb." *Sports Illustrated*, August 29, 1960.
Rogers, Patrick. "Stargazer." *People*, October 19, 1998.
Ross, Sid. "My 7 Hours Out of This World." *Parade*, April 16, 1961.
Sellers, Laurin. "NASA at Last Honors 13 Women with the Right Stuff." *South Florida Sun-Sentinel*, May 23, 2004.
"Seven Brave Women Behind the Astronauts." *Life*, September 21, 1959.
Shurley, Jay T. "Profound Experimental Sensory Isolation." December 1960.
Shurley, Jay, and Cathryn Walters. Subject no. 52, concomitant recording (transcription of the audio recording from Jerrie Cobb's stint in the isolation tank).
———. Transcription of the audio recordings from Subjects B and C (Rhea Hurrle and Wally Funk) in the isolation tank.
———. "Woman Astronaut Assessment in the Hydrohypodynamic Environment." August 8, 1961.
Smith, Catherine. Letter to Vice President Lyndon B. Johnson, March 15, 1962. LBJ Library.
Smith, Jack. "The Craftier Sex Is Cleared for Space." *Los Angeles Times*, August 28, 1960.
"Stars in Their Eyes." People, July 7, 2003.
Steadman, Bernice Trimble. "Farewell to a Friend." IWASM Quarterly. 6, no. 1 (1992).
———. "Bernice T. Steadman and the Women in Space Program." B. Steadman Papers, IWASM.
Stevens, William K. "Feminism Paved Astronaut's Way." *New York Times*, May 2, 1982.
"12 Women to Take Astronaut Test." *New York Times*, January 26, 1961.
"The Unlucky Mercury 13." BBC News, July 13, 2003.
Walters, Cathryn, Jay T. Shurley, and Oscar A. Parsons. "Differences in Male and Female Responses to Underwater Sensory Deprivation: An Exploratory Study." *Journal of Nervous and Mental Disease* 135, no. 4 (1962), pp. 302-310.
Ward, Mrs. George B. Letter to Vice President Lyndon B. Johnson, received March 19, 1962. LBJ Library.
Weitekamp, Margaret A. "The 'Astronautrix' and the 'Magnificent Male': Jerrie Cobb's Quest to Be the First Woman in America's Manned Space Program." In *Impossible to Hold: Women and Culture in the 1960s*, Avital H. Bloch and Lauri Umansky, eds. New York: New York University Press, 2005, pp. 9-28.
"Woman Astronaut Ban Decried." *Women's Journal*, June 23, 1963.
"Woman Astronaut Predicted." *New York Times*, June 26, 1962.
"A Woman Passes Tests Given to 7 Astronauts." *New York Times*, August 19, 1960.
"Women Adaptable to Isolation, Tests Show." *Post and Times-Star*, December 6, 1961.
"Women as Astronauts." *New York Times*, March 16, 1962.
"Women Secretly Trained as U.S. Astronauts in 1960s." CNN, June 23, 2003.
"Would-Be Female Astronauts Honored by Wisconsin University." Aero-News Network, May 10, 2007.

영상 —

In Search of History: *Mercury 13: The Secrete Astronauts*. A&E Television, 1998. The History Channel.

James, Sara. Weekend Magazine, *Dateline* NBC.

Jennings, Peter. "A Closer Look: Beyond the Horizon." ABC News report, October 26, 1998.

Leave It to Beaver. Episode 96: "Beaver's Library Book."

"The Tank." WKY-TV, Oklahoma City, 1960.

웹사이트 —

'나인티나인스'는 1929년에 99명의 여성 조종사들로부터 시작된 국제 여성 조종사 기구다. '머큐리 서틴'의 여성 대부분이 나인티나인스 소속이다. 오늘날에도 여전히 건재한 이 조직에 대해 더 알고 싶다면, 다음 웹사이트를 방문해 보라.

https://www.museumofwomenpilots.org

오하이오주 클리블랜드에 있는 '국제여성항공우주박물관'은 1986년에 설립되었다. 버니스 비스테드먼이 공동 창립자이다. 이곳에서 '머큐리 서틴'과 관련한 멋진 전시를 볼 수 있다. 박물관 홈페이지는 http://www.iwasm.org이다.(국내에서는 접속이 어려움.)

WIA Women in Aviation는 항공 분야의 여성들에 관한 통계와 새로운 소식을 접할 수 있는 훌륭한 원천이다. http://www.wai.org

항공과 우주 분야에서 여성이 이룬 업적에 관한 나사의 온라인 전시를 보려면, 다음 웹페이지를 방문해 보라. http://www.hq.nasa.gov/office/pao/women_gallery/sitemap.htm

텍사스 여자대학교 홈페이지에서 항공 분야의 여성에 관한, 특히 WASP에 초점을 맞춘 확장된 정보들을 찾아볼 수 있다.

https://twu.edu/library/womans-collection/collections/women-airforce-service-pilots-official-archive/history/

'샐리 라이드 사이언스'에 관해 더 알고 싶다면, 다음 웹사이트를 방문해 보라.

http://www.sallyridescience.com

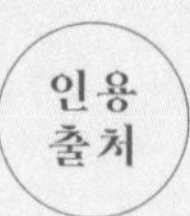

1장 —

19쪽 "날아올라, 아일린! 우리를 대신해서 날아올라!"("Go, Eileen! Go for all of us!"): 저자가 윌리 펑크와 주고받은 서신, 2007년 11월.

"발사 6초 전!"("T minus six seconds!") "발사 38년 전부터 카운트다운 하라고."("Try T minus thirty-eight years."): Ackmann, *The Mercury 13: The True Story of Thirteen Women and the Dream of Space Flight*, p.192.

2장 —

23쪽 "그러나 기꺼이 한목숨 내놓겠다는……원초적이며 저항하기 어려운 무언가가 있다."("But it was not bravery……challenge of this stuff."): Wolfe, *The Right Stuff*, pp.17, 21.

29쪽 "베티 스켈턴은 여성이 남성에 비해……소소한 예일 뿐이다."("She is just a petite……than men,") "35세 미만의 기혼 여성……몸무게가 가벼워야"("a flat-chested lightweight……married,") "조종사의 과학자 아내"("scientist-wife of a pilot"): Kocivar, "The Lady Wants to Orbit." *Look*, February 2, 1960.

31쪽 "우주로 간 여성이라고?……모두 우주로 보내 버릴 텐데!"("Women in space?……all out there!"): 저자가 베티 스켈턴과 주고받은 서신, 2007년 6월 10일.

"저는 여성도 이런 일을 할 수 있다는……보여 줄 기회라고 생각했습니다."("I felt it was an opportunity……do it well."): Weitekamp, *Right Stuff, Wrong Sex: America's First Women in Space Program*, p.69.

31~32쪽 "저는 우주 비행에서 여성 인력을……'어떤 상황에서도, 절대로 안 될 일'이라고 말하기도 했습니다."("I put in a very strong urge……'Under no circumstances.'"): Weitekamp, p.71.

32쪽 "여성 우주 비행사 프로그램"("girl astronaut program"): Ackmann, p.46.

34쪽 "여성이 조종석에……승객은 없습니다"("No airline passenger……in the cockpit."): Nolen, *Promised the Moon: The Untold Story of the First Women in the Space Race*, p.57.

35쪽 "얘야, 여자가 할 수 있는……기회를 주지 않아"("Honey, it's no career……a chance."): Nolen, pp.52-53.

"저는 바로 제안을 받아들였습니다."("I jumped at the offer."): Hoffstetter, "She'd Be First Woman in Space.", *Fort Lauderdale News*.

38쪽 "말하자면 역량계 위를……폐활량을 측정했다."("It's the lung-power……on a scale."): Cobb, with Rieker. *Woman Into Space: The Jerrie Cobb Story*, p.139.

40쪽 "비상 탈출 스위치는 여기에 있습니다."("Here's the chicken switch."): Cobb, with Rieker, "Hopeful Astronaut Leaps Tilt and Tank Test Hurdle.", *Daily Oklahoman*, July 18, 1963.

41쪽 "다섯 살 때에는 그 시간만 참으면……더 큰 보상을 기대하며 참았습니다."("At five, I'd been given……far greater."): Cobb, with Rieker, *Woman Into Space*, p.143.

"미국의 유인 우주선 프로젝트를……테스트를 성공적으로"("successfully completed……project"): Ackmann, p.69.

"여성 우주 비행사가 가진……말할 수 있을 것 같습니다."("We are already in a position……male colleague") "(현재로서는) 여성이……계획된 바 없습니다."("no definite space project……women"): Weitekamp, "The 'Astronautrix' and the 'Magnificent Male': Jerrie Cobb's Quest to Be the First Woman in America's Manned Space Program." In *Impossible to Hold: Women and Culture in the 1960s*, Avital H. Bloch and Lauri Umansky.

42쪽 "마치 FBI의 긴급 지명수배 명단에 오른 범죄자가 된 심정이었다"(felt as if she headed the FBI's "most wanted" list): Cobb, with Rieker, *Woman Into Space*, p.156.

"과학자들은 남성이 달에 갈 방법도 아직까지……도달했는가를 보여 주는 사례이다."("The scientists……sex has come."): Smith, "The Craftier Sex Is Cleared for Space." *Los Angeles Times*, August 28, 1960.

43쪽 "(그런 질문은) 비행과는 전혀 관련이 없는……한 번도 본 적이 없었습니다."("[That] has nothing……about them."): James, Weekend Magazine, *Dateline* NBC..

43~44쪽 "기자: 당신이 남성들과 겨룰 수 있다고 생각하시나요?……그렇게 말하지 않았습니다."("Reporter: Do you think……I wouldn't say that."): In Search of History: *Mercury 13: The Secrete Astronauts*. A&E Television, 1998. The History Channel.

44쪽 "당 기관은 과거 여성을 우주에……추진할 것으로 보이지 않습니다"("has never had a plan……future"): Ackmann, p.79.

"너무 사소해서 그 가치를……의견이 일치했습니다."("The consensus……of value."): Weitekamp, p.75.

45쪽 "또 하나의 중요한 반대 이유는……설득하지 못했기 때문이라고 하네."("One of the major objectives……fit the girls."): Weitekamp, p.76.

3장 —

50쪽 "그렇게까지 외로울 수 있으리라고는 상상하지 못했다"("I didn't know it was possible to be so alone."): "The Tank." WKY-TV, Oklahoma City, 1960.

"누구든 수조 안에……오래지 않아 죽고 말 것입니다!"("I honestly believe……flat out die!") Ackmann, p.111.

51쪽 "이제 혼자가 될 마음의 준비를 마쳤다"(ready to be alone with herself.): Cobb, with Rieker, *Woman Into Space*, p.167.

51~52쪽 "준비됐어요."("All set,") "보고합니다. 아무 문제 없습니다."("Just……fine,") "되도록 움직이지 않는 편이 더 좋네요."("I find……like it,") "모든 것이……평온해요."("Everything's fine……very peaceful,") "바닥으로 흐릿하게……문 쪽인 것 같

아요."("There's some light……by the door,") "모든 것이 원만하다고……보고합니다."("Reporting in again……peaceful,") "이 안에 더 머물……나갈까 봐요."("I'll think I'll get out……stay in longer."): 셜리와 월터스, 수조 테스트 기록.

52쪽 "오후 2시나 2시 반쯤?"("Two or two thirty p.m."): Cobb, with Rieker, *Woman Into Space*, p.173.

53쪽 "그렇게 오랜 시간 고립 상태를……놀라운 사례이지요."("Probably not……Extraordinary."): Cobb, with Rieker, *Woman Into Space*, p.174.

55쪽 "그다지 의미 없는 테스트!"("NOT a meaningful test!"): Ackmann, p.103.

60쪽 "얼굴이 새파랗게 질려서 소위…비상 스위치를 눌렀다"("green and pressed the red 'chicken switch'"): Freni, *Space for Women: A History of Women with the Right Stuff*, p.52.

61쪽 "준비되었나요?"("Are you ready?") "네."("Yes,") "팽이처럼 빙빙……공중제비를 돌고 있었다."("twisting……time,") "어지럽게 흐려지고 있었다."("was a dizzying blur"): Cobb, with Rieker, *Woman Into Space*, pp.151-152.

4장 —

63쪽 "제가 스물한 살 때……'우아, 나도 도전해 봐야겠다'라고 생각했습니다."("When I was twenty-one……'Whoa, I've got to do that.'"): Laboda, "The 'Mercury 13': Were They the First Ladies of Space?" *AOPA Pilot*, February 1997.

"일요판 신문에서……편지를 썼습니다."("There was an article……wrote to them."): Laboda, *AOPA Pilot*.

65쪽 "그래서 러브레이스 박사한테……나도 모르게 진행할 수 있느냐고 썼어요."("So, I wrote Dr. Lovelace……without me."): Weitekamp, p.99.

"우리가 우주 비행사 좌석 하나를……그뿐이에요."("I was never told……that's all."): Laboda, *AOPA Pilot*.

66쪽 "여성 우주 비행사 후보를……지원하시겠습니까?"("Will you……candidate?") "저는 비틀거리며……주저앉고 말았습니다."("I stumbled to a chair and fell into it,") "믿기지 않아서 편지의 첫 문장을……쓰여 있었습니다."("In stunned disbelief……unless you so desire."): Dietrich, "First Woman into Space." *McCall's*, September 1961.

67쪽 "처음에는 승객들이 불안해하는……전용 조종사가 되어 달라고 했어요."("Passengers might be nervous……as their pilot."): Laboda, *AOPA Pilot*.

68쪽 "진정한 페미니스트로군, 하는 말이……굶어 죽고 말 거예요."("See, if the word got out……to starve."): Nolen, pp.158-159.

69쪽 "생쥐 꼴"("ratty looking"): Nolen, p.168.

"아침 5시 반이나 6시에 일어나……하루 종일 달릴"("be up at 5:30……all day long"): Dietrich, *McCall's*.

"여성 우주 비행사 후보를 선발하기 위한 첫 번째 테스트에 지원하……"("volunteering for the initial examinations for female astronaut candidates")

70쪽 "우리 엄마는 달에 갈 거야!"("Mommy's going to the moon!"): Ackmann, p.74.

71쪽 "우리가 다른 모두의 운명까지 어깨 위에 짊어지고 있었지요."("You were carrying everybody else on your shoulders."): Ackmann, p.95.

"당신은 이제 큰일 났구려……같은 말을 했지."("You're really in for it……stayin', too.'"):

Dietrich, *McCall's*.

"체중이 약간 줄어들 거야……컬러 사진이 찍히지 않도록 해."("Come with……every day" and "Try not to……electroencephalogram."): Dietrich, *McCall's*.

72쪽 "성자와 같은 절제와 불굴의 투지가 모두 필요해"("combine a saint-like discipline with an unholy determination"): Nolen, p.173.

73쪽 "이것 좀 봐……이렇게 될 거야."("Well, here we are……through this thing."): Nolen, p.177.

"러브레이스 칵테일 타임"("Lovelace cocktail hour"): Weitekamp, p.106.

"수백만 개의 바늘이 팔과 손을 찌르는 것 같은"("a million needles……arm and hand)": Steadman, "Bernice T. Steadman and the Women in Space Program." B. Steadman Papers, IWASM.

75쪽 "우리는 연구자들이 이제 멈추라고……정말 아팠어요."("We never stopped……they hurt us."): Nolen, p.171.

"우주 비행사를 찾으시나요, 바로 여기 있습니다"("You want an astronaut……give you one."): Nolen, p.171.

77쪽 "남성과 견주어 여성이……배제할 이유가 없을 것"("we collectively……by NASA"): Nolen, p.171.

79쪽 "도대체 그 사람들에게 당신이 쓸모 있기는 한가요?"("Is that what they might use you for?") "그 과학자들더러 자기 여자들한테나 신경 쓰라고 하세요."("Let the scientists dig up their own women,") "하지만 난 당신에게 청혼할까 생각하고 있었는데."("But I was thinking of asking you to marry me."): Dietrich, *McCall's*.

5장 —

82쪽 "긁히고, 멍이 들고, 숨이 가빴다"("scratched, bruised, and breathless"): Cobb, with Rieker, *Woman Into Space*, p.196.

"그 차이점을 아직……예산 투입을 거절합니다."("If you don't know……the project."): Cobb, with Rieker, *Woman Into Space*, p.197.

86쪽 "캡슐의 윗부분, 고꾸라진……차근차근 나아갔습니다."("slowly maneuvering……the pool"): Cobb, with Rieker, *Woman Into Space*, p.198.

88쪽 "미국의 우주 정책에……실감이 안 났어요."("I was actually……to be true."): Cobb, with Rieker, *Woman Into Space*, p.201.

89쪽 "프로그램의 어느 부분에서든 소중한 자산으로 쓰일 것"("a great asset to any part of the program"): Weitekamp, p.124.

"나사가 공식적으로 이 연구를 속행하도록 권고"("recommended that……by NASA"): Cobb, with Rieker, *Woman Into Space*, p. 203.

91쪽 "정신을 똑바로 차리고 있는 한……수조 안에 머물렀습니다."("If you kept your wits about you……to come out."): Nolen, p.200.

"매우 미미했다"("very minimal"): Walters, Shurley, and Parsons, *Journal of Nervous and Mental Diseases*.

6장 —

95쪽 "보다 극단적인 반응은……실로 안된 일이다."("The more extreme reaction……the

pity for them."): Hart, "Women in Orbit." *Town and Country*, November 1962.
"제 생각에는 우주 비행사 자격을 갖춘 여성을……문제가 발생할 것 같기도 하고요."("I don't think they ever……a woman along."): Atkinson, p.94.

96쪽 "해군이 이번 테스트를 취소했어요."("The Navy has canceled the tests,") "도대체 무슨 일이 있었던 건가요?"("What happened?") "나도 아직 잘 모르겠소……해 줄 말이 없어요."("I don't know……I can tell you."): Cobb, with Rieker, *Woman Into Space*, pp.208-209.

98쪽 "유감스러운 소식입니다만……의학박사 W. 랜돌프 러브레이스 II"("Regret to advise……W Randolph Lovelace II MD."): Ackmann, p.132.
"갑작스러운 상황 변화를……취소되었다는 소식을 받았어요."("I still can't get over……Sunday morning flight,") "기분이 정말 나빴지만……입 다물라는 요구만 했지요."("I felt terrible……talk about it,") "완전히 패닉 상태가 되었어요. 저는 직장도 잃었거든요!"("I felt pure panic—I had no job!"): Laboda, *AOPA Pilot*.

99쪽 "남자들의 일을 대신하도록 여성을……미국의 이미지가 아니었습니다."("Sending a woman……desired."): Weitekamp, p.121.

101쪽 "작은 소동을 일으켜야 하는"("to make a small roar"): Ackmann, p.136.

7장 —

103~104쪽 "특별히 알려 줄……기다려야 할 것 같아요."("Still nothing new to report……of the year."): 머틀 "케이" 케이글이 제리 코브에게 보낸 엽서, IWASM.

104쪽 "향후 여성 우주 비행사들을……추가할 수 없습니다."("The future use of women……to be astronauts."): Cobb, with Rieker, *Woman Into Space*, p.211.
"상황이 이러한 데다……장점이 있을지 의문입니다."("Under the circumstances……had in mind."): Weitekamp, p.132.

105쪽 "남녀를 불문하고……요구하는 것"("the skills and imagination……sought in this vital area"): Weitekamp, p.133.
"우주 분야에서 경쟁은……찾을 수 있습니다!"("The race for space……for women!"): Cobb, "Space for Women?" Speech presented at the First Women's Space Symposium, Los Angeles, February 22, 1962.

106쪽 "항공 시대를 맞이한 이래……승리할 것입니다"("Just as in the past fifty years……in the space age."): Hart, *Town and Country*.
"그리고, 두말하면 잔소리지만 여성은 사절"("and, of course, no women, thank you"): Weitekamp, p.121.

108쪽 "제 생각에 부통령께서……바람직하지 않습니다."("I think you could get……some encouragement") "부통령께서는 첨부한 편지를……보여 주실 수 있는지요?"("Do you think you could write……before they leave."): Carpenter, Memorandum to Vice President Lyndon B. Johnson, March 14, 1962. LBJ Library.

108~109쪽 "궤도 비행할 후보를……동의하시리라고 확신합니다."("I'm sure you agree……orbital flight."): Carpenter, Letter drafted for Vice President Lyndon B. Johnson to send to James Webb, dated March 15, 1962. LBJ Library.

109쪽 "이제 그만 좀 합시다!"("Let's Stop This Now!") "파일 철할 것."("File.") Weitekamp, p.90.

113쪽 "최초로 유색인을 우주에 보내는 것은 어떨까요?"("Why don't we put the first nonwhite man in space?"): Haynsworth and Toomey, *Amelia Earhart's Daughters: The Wild and Glorious Story of American Women Aviators from World War II to the Dawn of the Space Age*, pp.230-231.

114쪽 "(나사와 해군) 양 기관은……곤란하다고 생각했다."("Both organizations…… concerns outright."): Weitekamp, p.127.

"우리는 금세기의 중요한 이 분야에서……의미 있는 일을 하고 싶습니다."("We would like to urge you……things we can do."): Ward, Letter to Vice President Lyndon B. Johnson, received March 19, 1962. LBJ Library.

"여성 우주 비행사에 관한 편지가……동등한 기회를 얻게 될 것입니다."("I welcome your letter……with men."): Johnson, Letter to Mrs. George B. Ward, March 24, 1962. LBJ Library.

8장 —

117~122쪽 청문회 장면 묘사와 인용문: '우주 비행사의 자격'(Qualifications for Astronauts)에 관한 청문회 기록.

123쪽 "월요일에 그 자전거 테스트를 받을 수 있습니다."("I'll take that bicycle test Monday,") "월요일 아니면 화요일 오전에……받을 수 있습니다."("I can take some…… Tuesday morning."): Weitekamp, p.80.

125쪽 "여러분 자신이 그 이름값을 하는 '최초의 여성 우주 비행사'가 될 수도 있습니다."("You might become the first woman astronaut who really earns that name."): Cochran, "Women in Space: Famed Aviatrix Predicts Women Astronauts within Six Years." *Parade*, April 30, 1961.

"여성을 대상으로 적절하게 조직된……좋은 일이라고"("a properly organized……would be a fine thing"): Cochran, Letter to Bernice Steadman(with copies sent to the eleven other "Mercury 13" women), July 12, 1961.

125~126쪽 "네, 물론 갈 수 있어요……아직 알려 주지 않았어요."("Yes, I certainly am, but Jerrie hasn't told us when,") "제리!……내가 이 일을 책임지고 있어요!"("Jerrie!……I'm heading this up!"): 저자가 진행한 제리 슬론 트루힐과의 인터뷰, 2007년 4월 2일.

126쪽 "이 프로그램을 이끄는 건 제리 코브가 아니라 바로 나란 말입니다!"("Jerrie Cobb isn't running this program. I am!"): Ackmann, p.83.

127쪽 "결혼이나 출산, 여타의 다양한 이유로"("due to marriage, childbirth, and other causes,") "코크런 부인……참여해야 한다고 생각하십니까?"("Miss Cochran……space program?") "먼저 연구가 선행되어야……대답할 수 있습니다."("I certainly think……tell you afterward."): '우주 비행사의 자격'에 관한 청문회 기록.

9장 —

131~140쪽 청문회 장면 묘사, 인용 그리고 코브와 코크런의 의견서: '우주 비행사의 자격'에 관한 청문회 기록.

139쪽 "제인 하트가 청문회를 개최할……영향력을 가졌기 때문이었다."("It didn't matter…… women in this program."): In Search of History: *Mercury 13: The Secret Astronauts*.

139~140쪽 "최근에 열렸던 의회 청문회에서……치기에서 비롯한 것이기를 바라마지 않는

다.”(“In the recent congressional hearing……was just childish.”): Hart, *Town and Country*.

140쪽 “이 광활한 우주 전체가……상상할 수 없는 일입니다.”(“It is inconceivable……restricted to men.”): Hart, *Town and Country*.

“나사의 남자들은……원숭이를 보내는 편이 낫다고 말하기도 했습니다.”(“The guys didn't want us……a bunch of women.”): Laboda, *AOPA Pilot*.

140~141쪽 “눈에 띄는 특징은……불평불만이 없었다.”(“The other thing……didn't complain as much.”): In Search of History: *Mercury 13: The Secret Astronauts*.

142쪽 “제가 자신의 롤 모델이었다고……무슨 일이 있었던 거예요?'였습니다.”(“She told me I was her role model,”) (“The first thing……What happened?'”): Bisbee, “Pilot Wants Her Shot in Space.” *Boston Herald*, August 28, 1998.

“언젠가 여성들이 우리가 추진하는……여성이 곧 보금자리이기 때문입니다.”(“I think we all look forward……personification of the home.”): Weitekamp, p.159.

10장 —

145쪽 “나사는 여성을 우주로……시대를 앞서 태어났습니다.”(“NASA never had any intention……before their time.”): Laboda, *AOPA Pilot*.

148쪽 “오랜 시간 조종사로 살기 위해서……모험을 찾고 있습니다.”(“I had to give up many things……looking for adventure.”): Freni, p.118.

151쪽 “미국의 여성 우주 비행사 후보 13명 중에 첫 번째가 될 가능성이 높은”(“Likely first……candidates.”): “The Astronauts—Ready to Make History,” *Life*, September 14, 1959, p.4

“세상을 뒤흔드는 데 있어 제 몫은”(“share of shaking”): Cobb, with Rieker, *Woman Into Space*, p.221.

11장 —

155쪽 “1967년, 우주와 직접 관련된……17명의 여성이”(“In 1967……related to space,”) “우주 비행사에게……가족에게도 충분합니다”(“If it's good enough……my family”): McCullough, “The 13 Astronauts Who Were Left Behind.” *Ms.*, September 1973.

157쪽 “혼성, 혼혈 우주 승무원이라는 비전을……지원을 결심했던 것입니다.”(“It's remarkable that when NASA……her decision to apply.”): 저자가 마거릿 와이트캠프와 주고받은 서신, 2007년 7월 19일.

159쪽 “필요한 자격 요건을……하나가 될 수 있어'라고요.”(“I looked at the list……those people',”) “여성운동이 길을 닦아……갈 수 있었습니다.”(“The women's movement……my coming.”): Stevens, “Feminism Paved Astronaut's Way.” *New York Times*, May 2, 1982.

161쪽 “우리는 버스 뒷자리에 앉은……여성 운전사를 보고 싶습니다.”(“We want to see a woman……in the back.”): Ackmann, p.185.

12장 —

171쪽 “오늘날 전체 우주 비행사의……증가하기를 바랍니다.”(“Today, the astronaut corps……continue to rise.”): Brown, “Sending Your Daughters to Space.” *Forbes*, October

5, 2005.

174쪽 "저는 제 자신이……살아 있는 증거 같아요."("I think I am living proof that dreams do come true."): Davis, "Becoming Thunderbird Is Dream Come True for Nevada Native." U.S. Air Forces in Europe News Service, July 7, 2005.

174~176쪽 "백문이 불여일견……맞혀 보세요"("The proof is in the pudding……one's the girl,") "와, 여자도 전투기 조종사가……지켜야겠군!"("Wow, women can be……money where my mouth is!") "늘 그렇듯이……의심할 여지가 없지요."("You always stand on……no doubt about it,") "저는 벽이 있다고 믿지 않아요……자신의 비행기에 오르세요."("I don't believe in barriers……Just fly your plane,") "누군가는 먼저……중요한 점은 바로 이것입니다."("Someone had to go first……what's important."): 저자가 진행한 니콜 맬러카우스키와의 인터뷰, 2006년 8월 11일.

176쪽 "앞으로도 여성들이……보태게 될 것입니다."("Women are going……aviation forward."): Larlee, "Face of Defense: Women's Aviation Hall of Fame Inducts Air Force Pilot." Air Force News Agency, March 19, 2008.

"20년 전에 그런 질문을……진출했으리라 예상했을 것입니다."("If you'd asked us……by now") "저는 젊은 여성들이……알았으면 좋겠습니다."("I want young women……and engineer."): McCarthy, "The Women of Mercury 13." *USA Today*, May 10, 2007.

178쪽 "우리는 이 여성들이 없었다면……더 나아가려 싸워 왔습니다."("We enjoy a level of credibility……we have now."): In Search of History: *Mercury 13: The Secrete Astronauts*.

사진 출처

10~11쪽	© Image Farm Inc.
12, 16, 17쪽	나사/케네디우주센터 (NASA/KSC)
20쪽	나사/마셜우주비행센터 (NASA/MSFC)
22쪽	나사 제공
24쪽	(위) 국립문서보관소(The National Archives) (아래) 텍사스 여자대학교 우먼스 컬렉션(The Woman's Collection)
28쪽	나사 제공
30쪽	(위) 베티 스켈턴 제공 (아래) 국제여성항공우주박물관 제공
36쪽	© 칼 이와사키(Carl Iwasaki)/Time & Life Pictures/Getty Images
39쪽	© 랠프 크레인(Ralph Crane)/Time & Life Pictures/Getty Images
43쪽	짐 랭, 「…그리고 아이고, 면도 좀 해야겠다!」 © 1960년 8월 20일자 《데일리 오클라호먼》
46쪽	© A. Y. 오언(Owen)/Time & Life Pictures/Getty Images
54쪽	(모두) 에버렛 컬렉션(Everett Collection) 제공
58쪽	나사/글렌연구센터(NASA/GRC)
59쪽	나사/글렌연구센터, 아든 윌펑(Arden Wilfong) 사진
62쪽	진 힉슨 유품/폴린 빈센트 제공
64, 65쪽	(모두) 여성조종사박물관 제공
70쪽	텍사스 여자대학교 우먼스 컬렉션
72쪽	국제여성항공우주박물관 제공
74쪽	(모두) 러브레이스 호흡기연구소, 진 노라 스텀보 제슨, 제인 하트 제공
78쪽	국제여성항공우주박물관 제공
80쪽	나사 제공
84, 85쪽	(모두) 국립 해군항공박물관에서 제공한 미 해군 공식 사진
90쪽	레아 헐 월트먼과 메릴린 헐 제공
92쪽	국제여성항공우주박물관 제공
99쪽	© 빈센트 다다리오(Vincent D'Addario); 마운트 홀리오크 대학교 아카이브 앤드 스페셜 컬렉션(Archives and Special Collections)
102쪽	미 공군 제공
106쪽	나사/랭리연구센터(NASA/LaRC)
110쪽	린든 B. 존슨 대통령 기념 도서관 및 박물관 제공

116쪽	미국 의회도서관
124쪽	미 공군 비행 테스트센터 역사실 제공
128쪽	텍사스 여자대학교 우먼스 컬렉션
130쪽	© 더글러스 마틴(Douglas Martin)/Pix inc./Time & Life Pictures/Getty Images
133쪽	나사 제공
135쪽	짐 랭, 「두 개의 로켓 발사대」 © 1962년 7월 19일자 《데일리 오클라호먼》
137쪽	국제여성항공우주박물관 제공
138쪽	나사 제공
141쪽	짐 랭, 「우주 서프러제트」 © 1962년 7월 27일자 《데일리 오클라호먼》
144쪽	국제여성항공우주박물관 제공
147쪽	(위) 진 힉슨 유품/폴린 빈센트 제공 (아래) 텍사스 여자대학교 우먼스 컬렉션
149쪽	(위) 진 노라 스텀보 제슨 제공 (아래) 《미시간데일리》 제공, 데이비드 카츠(David Katz) 사진
154쪽	나사/존슨우주센터 제공
158쪽	나사 제공
160쪽	나사/존슨우주센터 제공
163쪽	나사/글렌연구센터
164쪽	나사/케네디우주센터
166쪽	나사 제공
168쪽	(위) 나사/케네디우주센터 (가운데, 아래) 나사/마셜우주비행센터
169쪽	나사/마셜우주비행센터
170쪽	나사/케네디우주센터
172, 173쪽	(모두) 미 공군 제공
175쪽	(위) 나사/케네디우주센터 (아래) 나사 제공
177쪽	(위) 나사 제공 (아래) 나사/글렌연구센터
179쪽	나사/케네디우주센터
180~181쪽	마이클 앨서스(Michael Althaus) 사진
182~185쪽	© Image Farm Inc.

찾아보기

2010 로버트 F. 시버트 메달

“꼼꼼하게 연구하고, 기록 자료들을 통해 훌륭하게 설명하는 책.
열정적으로 쓴 통찰력 있는 연대기는 분명 영감을 줄 것이다.”

2010 제인 애덤스 어린이책 명예상

“주목받지 못한 역사의 한 부분을 젊은 독자들에게 펼쳐 보이고,
불평등의 부당성을 부각했으며, 인위적인 경계를 극복하기 위해 싸우는
여성들의 용감한 업적을 재현했다.”

2010 플로라 스티글리츠 스트라우스 상

2010 미국도서관협회 선정 주목할 만한 어린이책

2010 미국청소년도서관협회 선정 청소년을 위한 최고의 책

2010 미국영어교사협회 선정 오르비스 픽투스 명예상

2009 보스턴글로브-혼북 명예상

2009 혼북 팡파르 최고의 책

2009 스미스소니언 매거진 선정 최고의 책